铭 IMPRINT 心

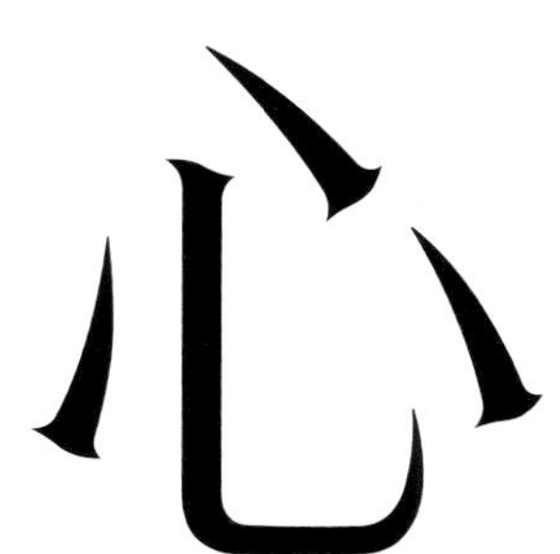

20世纪 VINTAGE 胸针艺术

VINTAGE JEWELRY OF THE 20TH CENTURY

✦ 郑莺燕 著

上海书画出版社

序

“脚步不能到达的地方眼光可以到达，眼光不能到达的地方精神可以到达。”

——雨果

格物致知。即器见道。器物的神形往往投射出人的性情，闪烁着时代的光影与印记。每一件器物都承载着一帧年华，一段思量。历史的沉浮与跌宕若隐若现，文明的交融与对话萦绕耳边，一个所谓的时代群像最后往往通过器物得以窥见。

历史是什么？雨果给出的回答是：“是过去传到将来的回声，是将来对过去的反应。”

从远古到中世纪，再到现代，千百年来，胸针见证了时代的更迭，胸针的工艺和题材也随之变化。胸针的历史可以追溯到青铜时代。一直到文艺复兴时期，现代胸针的雏形开始成型，当时的胸针主要围绕宗教题材设计，仅仅是上流社会的专属。

19 世纪中期，维多利亚时代早期以自然、花卉、浮雕、爱心为题材的胸针浪漫而轻快。1861 年维多利亚女王的丈夫阿尔伯特亲王去世，悲痛的女王独自度过了四十年的时光。因此这一时期的胸针设计也变得更为沉重，将头发和肖像嵌入胸针，以示对所爱的人的怀念，逐渐成为当时的流行趋势。

20 世纪初，在法国逐渐兴起的“新艺术运动”（Art Nouveau）开启了一种新的装饰风格，它开始拥抱自然、花卉、动物、蝴蝶、昆虫，还有虚幻的仙女和美人鱼。直到第一次世界大战拉开帷幕，装饰艺术（Art Deco）闪亮登场，受到立体主义和野兽派的影响，装饰艺术的色彩更为明亮，并采用机械式的、几何的、纯粹装饰的线条呈现时代美感，远东、中东、希腊、罗马、埃及与玛雅等古老文明的物品或图腾都成为其素材来源。

“胸针之于女性，象征大过于装饰，因为它是所有饰物中唯一不和女性身体发生接触的特例。而即便高贵如女皇，在佩戴胸针时也必须谦卑俯首，那时往往会有一阵微微的眩晕，因为，你看到的是你心上的自己啊。”这是奥地利作家斯蒂芬·茨威格在小说《艾利卡埃·瓦尔德之恋》中写下的一段话，它恰到好处地道出了女性和胸针之间耐人寻味的关系，也道出了胸针有别于其他珠宝的特别与动人之处。

20 世纪萧条的 30 年代、硝烟四起的 40 年代、纯金 50 至 60 年代……时代的脚步从未停歇。时尚也在潮起潮落中更迭。当厌倦了浮华的人们邂逅 Vintage，如获珍宝，那不仅是出于复古的情怀，更是因为作为一件器物，Vintage 是时光最好的记录者。

它的瑕疵，就像饱经风霜的银丝与鬓角；它有故事，无声地述说着它所来自的时代和过往的因缘际会。

2013 年去罗马录制节目，我偶遇一位老奶奶，意大利式的慵懒与老人身上戴的那枚极精致的胸针形成了对抗性的反差，那枚胸针的材质并不名贵，但造型和形态中满溢着灵动。这一次的“遇见”为我打开了收藏 Vintage 胸针的大门。我惊叹于一枚 Vintage 胸针的艺术价值居然丝毫不亚于一件绘画或者雕塑。慢慢地，我开始收藏并痴迷于这种轻古董。在突如其来的新冠疫情之前，曾经只要有机会，我就开始说走就走的旅行，在巴黎的古董市场、伦敦诺丁山每周六的市集，寻寻觅觅，我有缘遇见了一枚枚打动我的胸针，它们述说着各自的故事和历史。

行走了很多国家，很多城市，我愈发真切地感受到了现代文明对古代文明的传承，以及冲撞——在埃及，我在古文明的辉煌与现代埃及的无序中感受到了强烈的幻灭感；在伊朗，我依旧能看到波斯帝国昔日的辉煌；在印度，一脚天上，一脚地下，生命的轮回在一天之内便可阅尽；在瑞典，我感受到了对于船文化的崇拜。我参观了瓦萨号沉船博物馆，由于波罗的海盐度很低，加上瑞典造船橡木顶级品质，经历了近 400 年，这艘世界上最大的沉船战舰被打捞上来竟还未被阳光腐蚀。市政厅、教堂、机场等著名建筑的屋顶都像是倒扣的船底，当我为“翻船”而困惑时，得知倒扣的船底对于维京人而言意味着永远的避风港，因为维京人靠岸夜宿，就是把船拉上岸倒扣过来当帐篷，船就是家。

这些意料之外让每一次行走趣味丛生，也让我对历史更加迷恋，敬畏。正如歌德所言：“历史给我们最好的东西就是它所激起的热情。”

时尚是一个轮回。兜兜转转，循环往复。曾经被无情的大工业流水线打败的那些 Vintage 珠宝品牌，又在人们对美好旧时光的执念中卷土重来，带着岁月洗礼后的温存的光芒，温暖而落落大方，静静地诉说着过往，和那些曾经的相遇。

在这些复古图腾般的旧日经典中，我曾迷失，曾顿悟，曾欢喜。我迫不及待地探寻和走近，我很欣慰自己并没有止步于器物令人惊叹的制作工艺和繁复的设计，让我着迷和兴奋的是它背后的人，是历史与文明。它是鲜活的，有温度的。

我试图用文字、图片以及展览的形式去梳理这些年有缘相见的器物，梳理背后的文明与历史。这是我作为一个中国人，与百年前的西方设计师、手工匠人和他们所承载的时代展开的一场跨越时空的对话，是来自东方视角的解读与致敬。

“卿云烂兮，纠缦缦兮。日月光华，旦复旦兮。”听，那是穿越百年的回响。

颤抖心光 1920s—1930s Quivering Glimmer

1929 年 10 月 29 日，纽约证券交易所人头攒动，人人都在不计价格地抛售股票，美国迎来证券史上最黑暗的一天——“黑色星期二”。这一天，美国开启了新的时代。曾经的欣欣向荣、歌舞升平转瞬间化为乌有。喧嚣的 20 年代戛然而止，繁荣背后涌动着的暗流很快向整个资本主义世界蔓延。

大萧条大大打击了珠宝类奢侈品行业，巴黎的珠宝商因大量的订单被取消而损失惨重，其中大部分来自美国。当价格不菲的高端珠宝品牌难以维系之时，敢于创新、不落窠臼的时装珠宝公司却得以幸免。高端珠宝的设计师们纷纷出走，并在新的地盘开始较量。在艰难的岁月里，时装珠宝的设计师们以更具创造性的态度为陷入困顿中的女性点燃了爱和希望。

1884 年，法国作家莫泊桑在经典短篇小说《项链》中，设计了女主人公马蒂尔德向富太太借来的钻石项链是“假珠宝”的桥段。这里的假珠宝其实正是“时装珠宝”（Costume Jewelry）。时装珠宝，也称服饰珠宝，并非服饰和珠宝的简单相加，而是为了配合服饰而设计和制作的时尚首饰或半宝石珠宝。时装珠宝已有近三百年的文化历史。早在 18 世纪，珠宝商就开始使用廉价玻璃制作首饰。19 世纪，由半宝石材料制成的时装珠宝进入市场，让普通人也能有机会去拥有。但“时装珠宝”这一术语直到 20 世纪早期才出现，20 世纪中期，时装珠宝迎来它的黄金时代。

1920s-1930s

1

*

名称

沙拉珐琅胸针

品牌

无标

年代

1930s

材质

锡铅合金 / 铜铅合金 / 珐琅 / 琉璃

*

尺寸

1 7.8cm × 7.9cm

2 7.0cm × 6.5cm

3 9.0cm × 6.0 cm

2

3

1 2 3 4 5

*

名称

花篮胸针

品牌

无标

年代

1920s—1930s

材质

银 / 珐琅

*

尺寸

1 5.8cm × 4.3cm

2 4.8cm × 4.0cm

3 5.0cm × 4.2cm

4 4.6cm × 3.7cm

5 6.9cm × 4.8cm

20 世纪 20 至 30 年代欧美女性的服饰潮流

*

名称

装饰艺术风格胸针

品牌

KTF / SCHEHERAZADE / CORO

年代

1930s

材质

铅制玻璃 / 铜铅合金 / 白银镀铑

*

尺寸

1 2.5cm × 5.2cm
2 4.5cm × 5.6cm
3 3.5cm × 5.8cm
4 3.0cm × 3.0cm
5 2.5cm × 2.5cm
6 2.8cm × 3.3cm
7 3.5cm × 3.5cm
8 4.0cm × 4.5cm

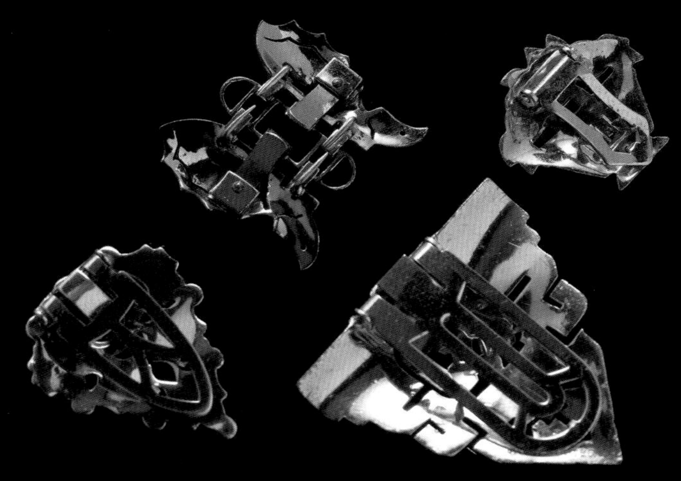

Merci aux "Bijoux
Burma" qui ont réalisé pour moi cette magnifique parure
en brillants.
Josephine Baker
1936.
Paris.

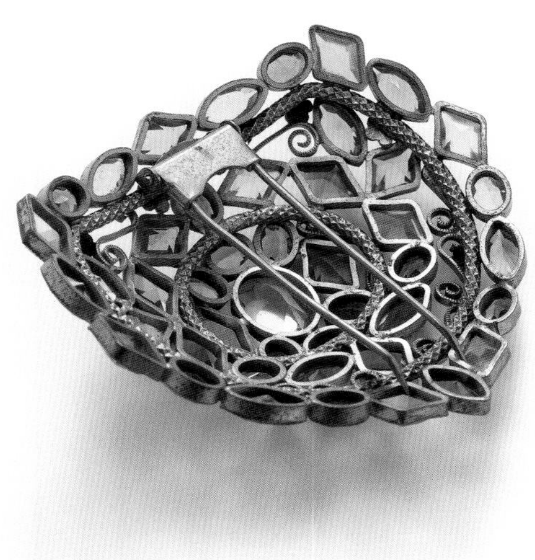

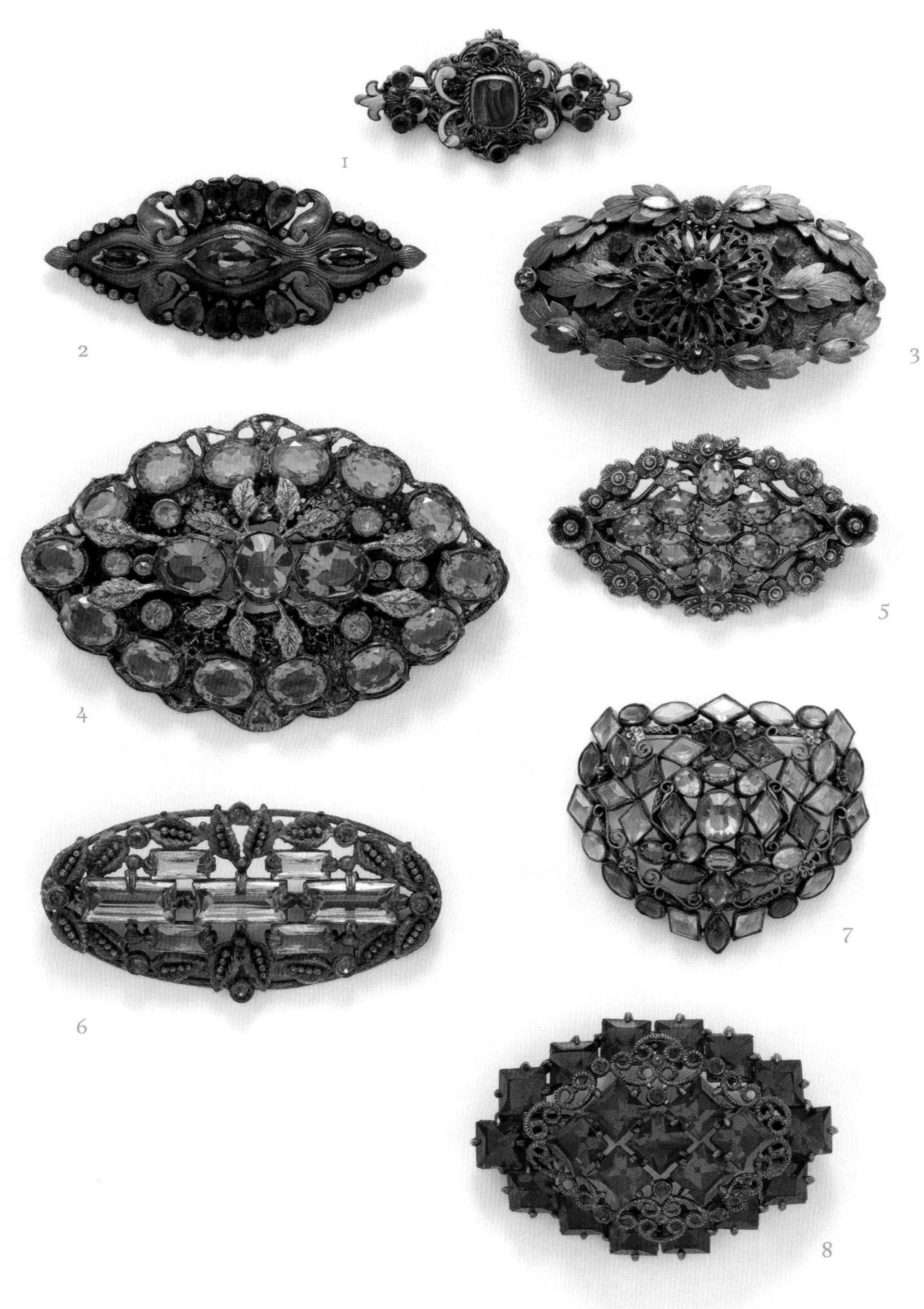

1 2 3 4 5 6 7 8

*

名称

捷克胸针

品牌

无标

年代

1930s

材质

铜（铅）/ 捷克水晶

*

尺寸

1 2.7cm × 5.3cm

2 2.7cm × 6.5cm

3 4.4cm × 7.5cm

4 5.5cm × 8.5cm

5 3.2cm × 5.5cm

6 3.2cm × 6.7cm

7 6.0cm × 6.7cm

8 4.1cm × 6.0cm

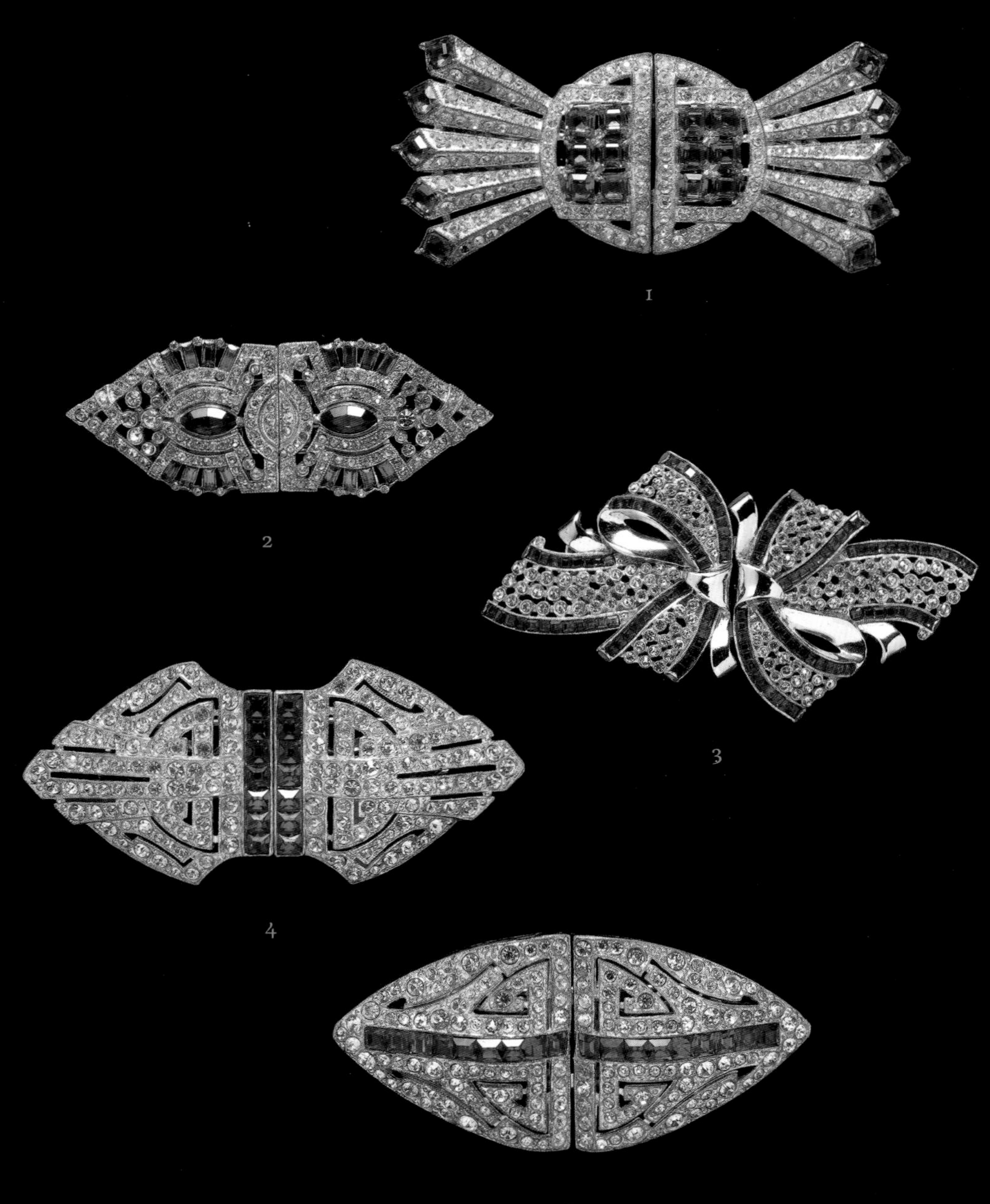

1

2

3

4

5

*

名称

装饰艺术风格双夹胸针

品牌

CORO (CORO Duette) / TRIFARI (Clip Mates)

年代

1930s

材质

白银镀铑

*

尺寸

1 4.5cm × 9.0cm

2 2.9cm × 7.5cm

3 4.3cm × 8.5cm

4 4.0cm × 8.5cm

5 4.0cm × 8.1cm

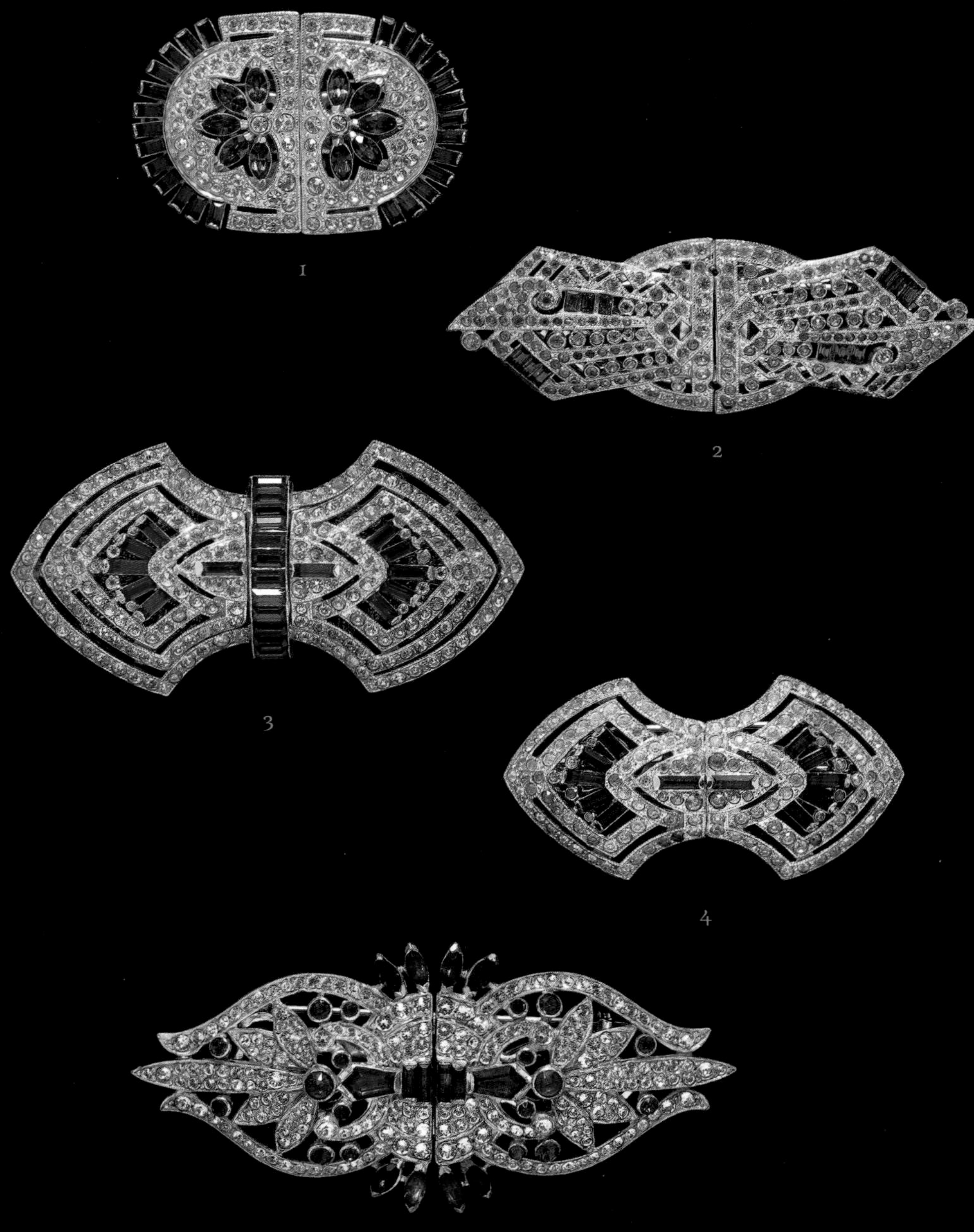

1

2

3

4

5

名称

装饰艺术风格双夹胸针

品牌

CORO (CORO Duette) / TRIFARI (Clip Mates)

年代

1930s

材质

白银镀铑

尺寸

1 3.5cm×5.0cm

2 3.0cm×7.6cm

3 3.8cm×7.5cm

4 3.0cm×5.9cm

5 4.0cm×8.6cm

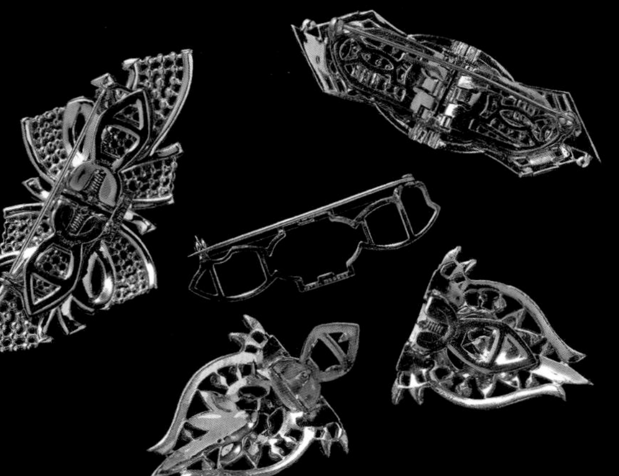

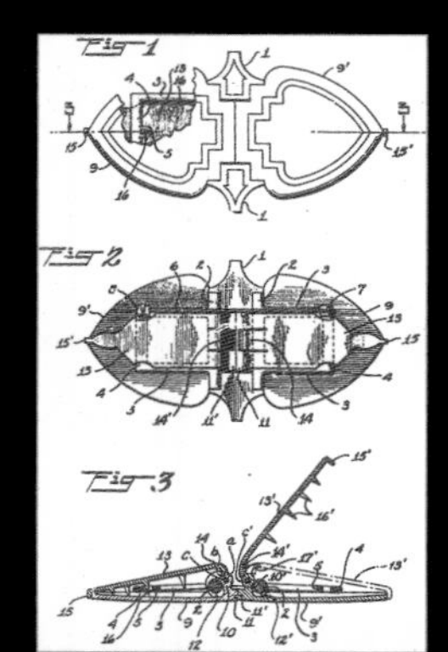

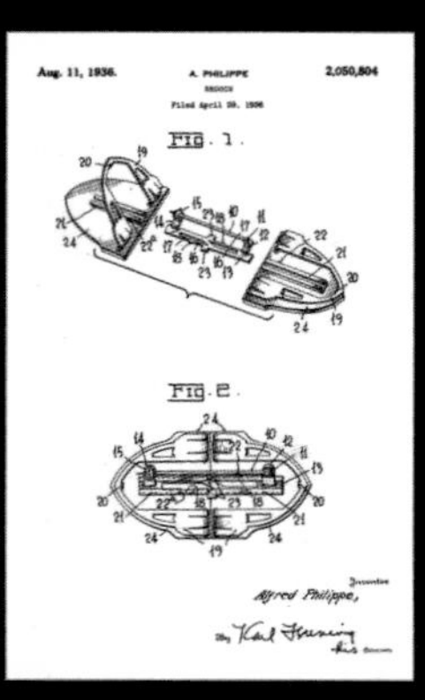

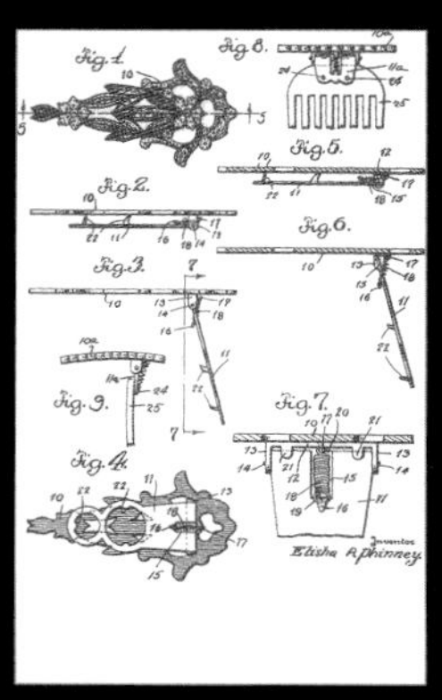

双夹胸针背后可拆卸，可作为胸针、皮草夹、领夹、裙夹使用。

CARL ROSENBERGER

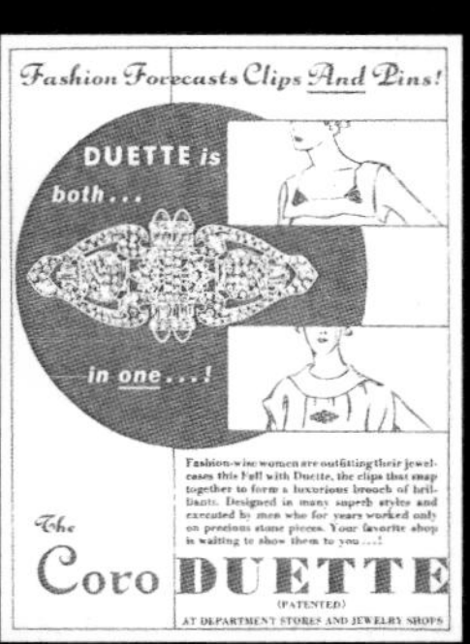

CORO

1901 年，伊曼纽尔・科恩（Emanuel Cohn，1859—1910）和卡尔・罗森伯格（Carl Rosenberger，1872—1957）在纽约百老汇设立店铺，专卖服饰配件，店铺名字分别撷取两位创始人姓氏的前两个字母，取名 CORO。

1929 年，CORO 在罗得岛州首府普罗维登斯设立工厂——18 世纪以来，这里一直是美国最主要的珠宝制造中心。该工厂于 1951 年正式竣工，占地 172,000 平方米。工厂配备了最现代的机器，被视为当时最先进的世界级珠宝工厂。在鼎盛时期，业内平均人数只有 100 人，而 CORO 的雇员多达 3500 人。他们还提供了大量工作换取学费的机会，所以 CORO 在业内还拥有“首饰学院”的美称，为整个行业培养和输送了众多人才。

1943 年，CORO 正式成立集团公司。这一时期，CORO 的胸饰体量变得更大、更立体，迎来了 CORO 品牌的黄金时代。大型仿宝石设计和镀金、镀铑工艺被普遍运用，成为这一时期 CORO 产品的显著特色。

第二次世界大战爆发后，CORO 公司 70% 的生产力投入到军事生产，但仍保留了少量精品首饰的制作。战争结束后，CORO 顺应市场，推出了一些轻巧简洁的款式。1953 年，CORO 推出了 Vendôme 高端产业线。

1957 年，85 岁高龄的卡尔・罗森伯格去世。同年，公司 51% 的股权被 Richton 收购。20 世纪 60 年代，CORO 销量严重下滑后，公司试图直接从国外采购珍珠饰品进行贴牌销售。

20 世纪 70 年代，CORO 的市场份额被以 MONET 为代表的后起之秀超越。1979 年，CORO 公司停止运营，只剩下加拿大多伦多的一间工厂。继续苦苦支撑近 20 年后，这个曾经在时尚界叱咤风云的首饰品牌终究没能迎来自己的百岁生日。

1

2

3

4

5

*

名称

浮雕花卉双夹套组

品牌

CORO

年代

1936

材质

银镀金 / 珐琅 / 琉璃

*

尺寸

1　5.7cm × 6.0cm × 3.3cm

2　8.0cm × 8.5cm × 3.8cm

3　3.6cm × 9.0cm

4　3.4cm × 9.0cm

5　1.8cm × 2.0cm

CORO 的这只著名手镯于 1936—1939 年出品。卡门·米兰达（Carmen Miranda）曾在电影《玉女嬉春》（*A Date With Judy*）中叠戴了两只，因此手镯便以她的名字命名。

品牌设计总监阿道夫·卡茨（Adolph Katz）

1924 年，阿道夫·卡茨加入 CORO，担任设计总监。在 CORO 的很多专利申请书上，署名都是“Adolph Katz”，这也导致他一度被误认为是珠宝设计师，但其实他并不亲自操刀设计。从进入公司开始，他的工作就是从五花八门的设计图纸里挑选出他心仪的方案投入生产。

首席设计师基恩·威瑞（Gene Verri，1911—2012）

1933 年，22 岁的基恩·威瑞在鼎盛时期加入 CORO，直至 1963 年底。但是 CORO 的企业文化比较特殊，很少突出某位设计师，所以并没有多少人知道基恩。1963 年，基恩和儿子自立门户，成立 Gem-Craft。2012 年，百岁高龄的基恩在当年去世。CORO 知名的设计大多出自基恩，最知名的当属 1938 年的“颤动的山茶花”可拆卸式胸针。

颤动弹簧工艺

“颤抖的山茶花”（Quivering Camellia）胸针嵌入了“颤动弹簧”工艺。这门技艺最早诞生于 1675 年，当人们佩戴珠宝时，镶嵌有钻石的枝叶在佩戴者的行动中微微颤动，使钻石看起来更加闪耀。

“葛之覃兮，施于中谷，维叶萋萋。黄鸟于飞，集于灌木，其鸣喈喈。”CORO 最擅长植物花卉和浪漫题材：鸟儿栖息在枝头，或有细链相连，成双成对，柔情缱绻。此外，CORO 也打造了很多生动有趣的生活化场景：新人在蜜月车上相依相偎，骑着自行车的男人载着花束，向着心爱的人儿驶去……

“CORO 二重奏”（CORO Duette）系列

“Duette”（二重奏）指的是由两个礼服夹组成的胸针，将裙夹、领夹、胸针合而为一。这种“双夹胸针”的概念，最早由高级珠宝制造商卡地亚发明，并在 1927 年取得专利。像梵克雅宝这样的高级珠宝品牌也曾推出过类似设计。

1931 年，CORO 为其“二重奏”申请了专利，确切地说，是从一家法国公司购买了专利。很快，TRIFARI 推出“Clip Mates”，只是叫法不同。因为“二重奏”的专利问题，TRIFARI 和 CORO 闹上了法庭。40 年代，“CORO 二重奏”风靡全美，包括 MAZER BROTHERS、MARCEL BOUCHER 以及 PENNINO 在内的各大时装珠宝品牌陆续推出了不同版本的二重奏。

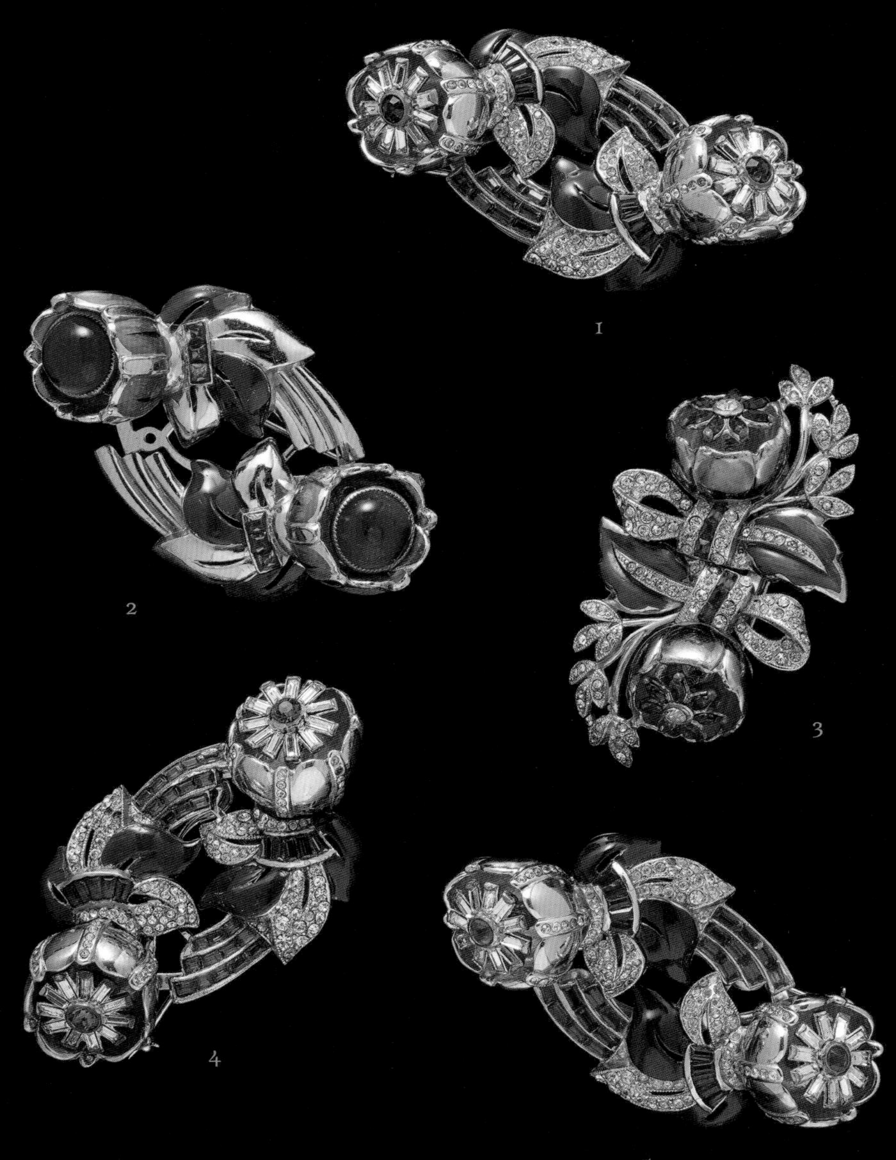

*

名称

颤抖的山茶花双夹胸针

品牌

CORO

年代

1938

*

材质

银镀金 / 琉璃

莱茵石 / 珐琅

尺寸

1-5　4.0cm×7.5cm

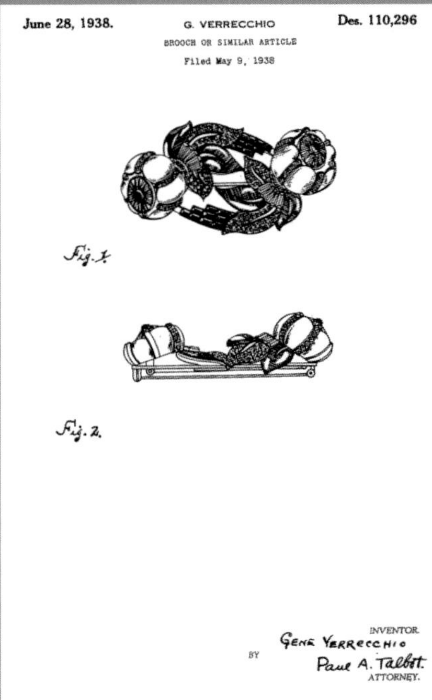

June 28, 1938. G. VERRECCHIO Des. 110,296

BROOCH OR SIMILAR ARTICLE

Filed May 9, 1938

Fig. 1.

Fig. 2.

INVENTOR.

Gene Verrecchio

BY

Paul A. Talbot.

ATTORNEY.

1
2
3
4

*

名称

颤抖双生花胸针

品牌

CORO

年代

1935—1940

材质

银镀金 / 莱茵石 / 珐琅

*

尺寸

1 9.5cm × 6.1cm

2 7.0cm × 6.5cm

3 9.0cm × 6.0cm

4 9.5cm × 6.1cm

TRIFARI

古斯塔沃・翠法丽（Gustavo Trifari，1883—1952）出生于意大利南部的那不勒斯，17 岁开始在爷爷路易吉（Luigi）的金作坊当学徒，作坊主要制作传统发梳和发饰。四年后，古斯塔沃前往纽约。

1912 年，古斯塔沃创立了自己的公司，延续家族传统发饰的生意，同时搭配经营少量时装珠宝。1918 年，他邀请帽饰公司销售里欧・克拉斯曼（Leo Krussman）成为合伙人。1925 年，卡尔・费雪尔（Carl Fishel）加入，公司更名为“Trifari Krussman and Fishel”，商标为 KTF。1956 年，创始人古斯塔沃和里欧・克拉斯曼在一个月内相继去世，他们的儿子开始参与管理公司。1964 年，卡尔・费雪尔去世。1994 年，TRIFARI 被 MONET 集团收购。2000 年，MONET 集团被美国时装设计师丽兹・克莱本（Liz Claiborne）的集团收购。

*

名称

玛格丽特菊花束胸针

品牌

无标

年代

1935—1940

材质

白银镀铑 / 琉璃

尺寸

11.9cm × 7.3cm

1

2

3

名称

经典三色“水果沙拉”系列

品牌

TRIFARI

年代

1937—1950

材质

合金 / 莱茵石 / 琉璃

尺寸

1 8.0cm × 5.9cm

2 6.4cm × 5.9cm

3 7.8cm × 4.3cm

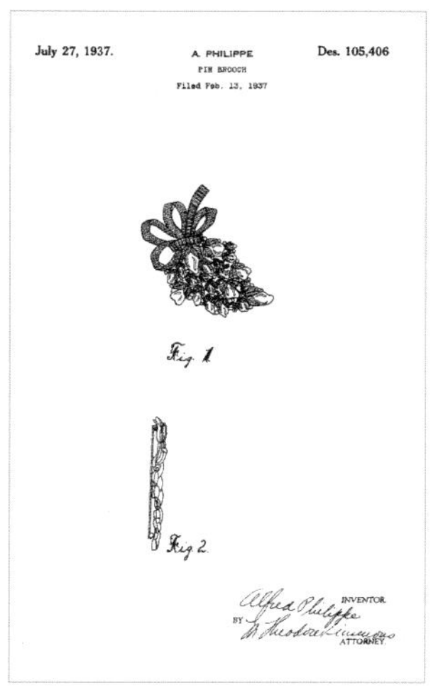

1930 年，出生于巴黎的阿尔弗雷德·菲利普（Alfred Philippe，1900—1970）成为 TRIFARI 的首席设计师。他曾在纽约高级珠宝公司 WILLIAM SCHEER 工作，该公司和卡地亚以及梵克雅宝都有业务往来。1968 年，在推出绚烂的“烟花”系列珠宝后，为 TRIFARI 工作了 38 年的阿尔弗雷德退休，并于 1970 年去世。在阿尔弗雷德离开后，TRIFARI 曾短暂地邀请他的儿子担当设计。

20 世纪 30 年代中期，由他设计推出“水果沙拉”（Fruit Salad）系列，风靡美国。设计灵感来自于卡地亚的水果锦囊系列。他把高级珠宝的设计理念注入 TRIFARI，这系列的经典是红、绿、蓝三色配色单品，后来又推出了双色和单色单品。

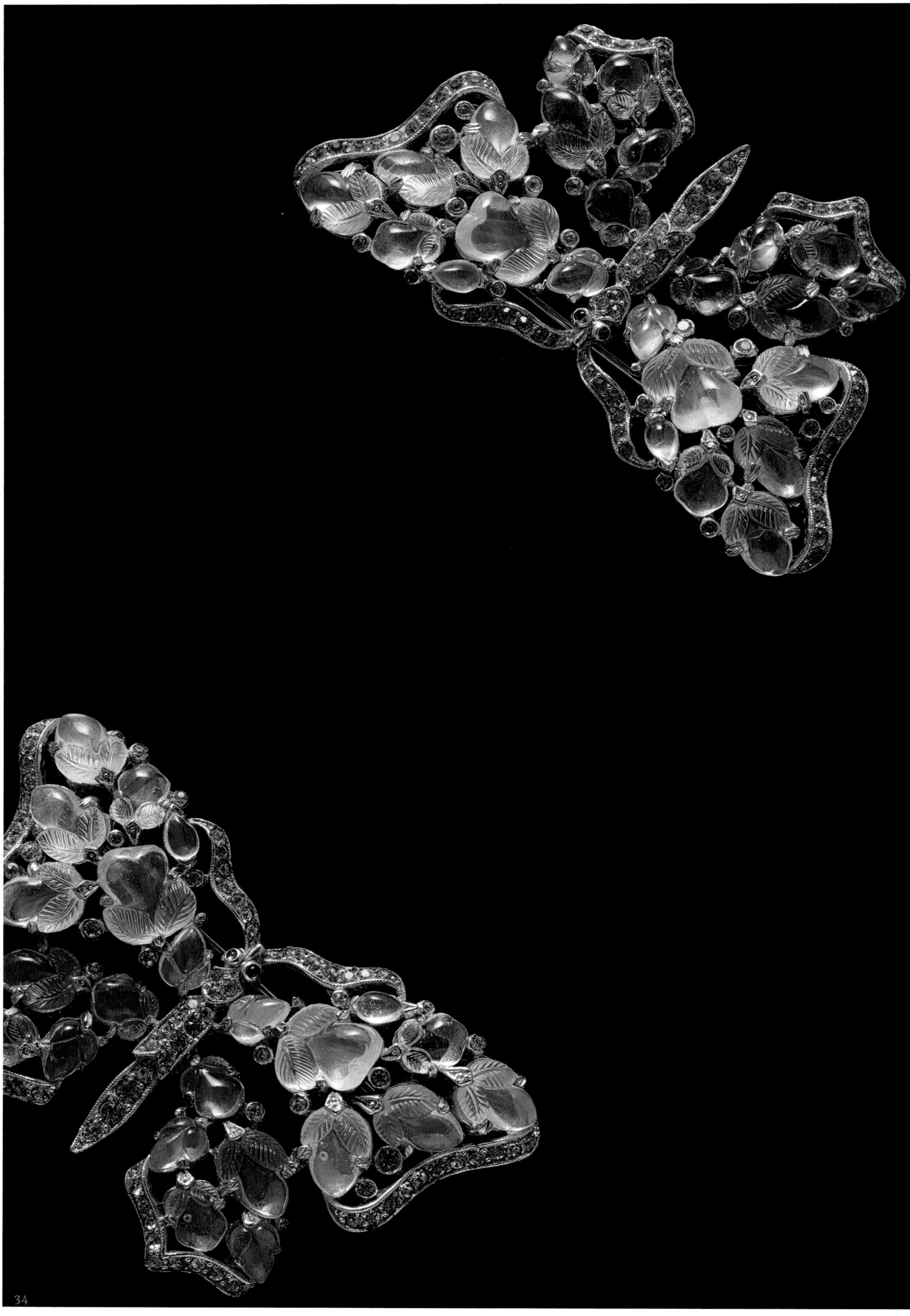

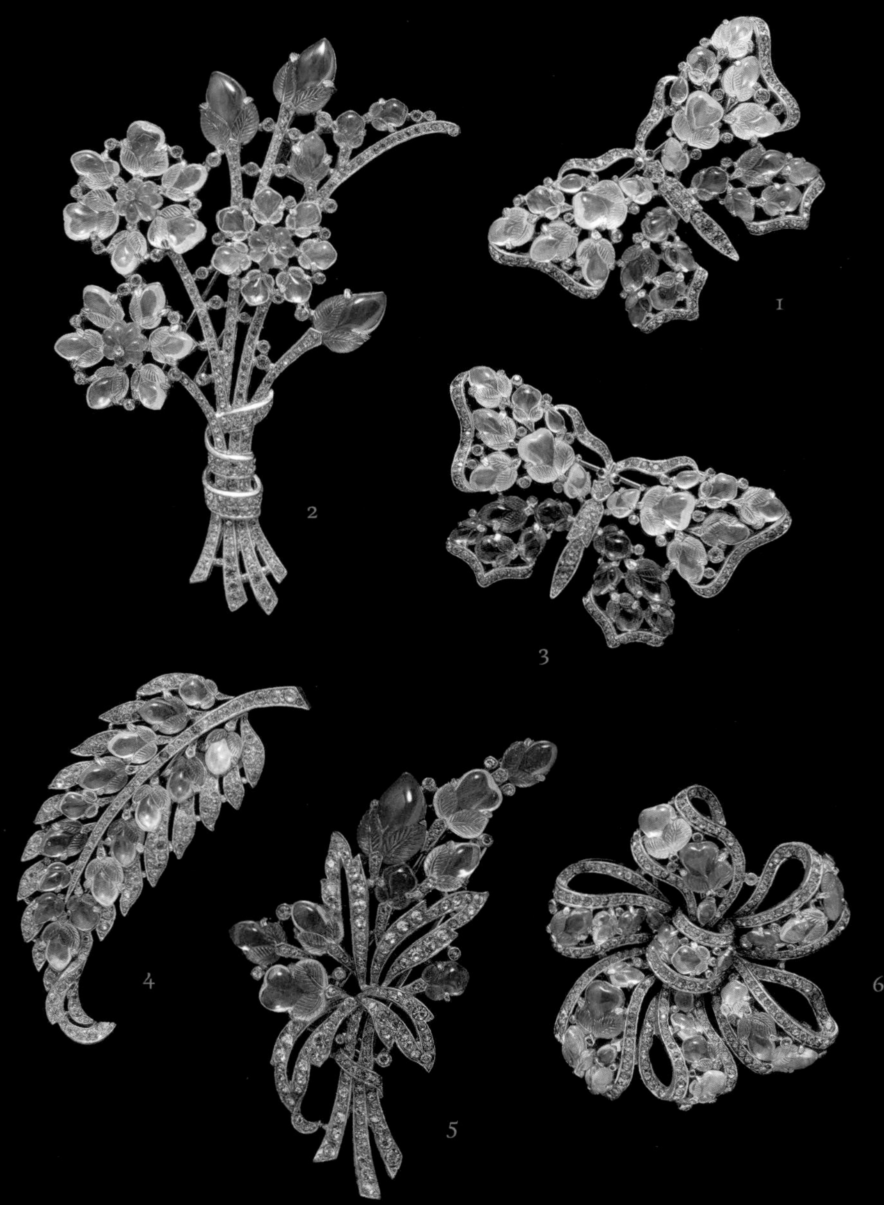

*
名称
双色“水果沙拉”系列
品牌
TRIFARI
年代
1937—1950
材质
合金 / 琉璃 / 莱茵石

*
尺寸
1　4.1cm × 7.2cm
2　11.4cm × 7.9cm
3　4.1cm × 7.2cm
4　8.2cm × 4.3cm
5　3.9cm × 8.0cm
6　6.4cm × 5.9cm

名称
颤抖兰花系列

品牌
KTF

年代
1935

材质
白银镀铑 / 莱茵石 / 水晶

尺寸
1 5.5cm × 6.6cm
2 2.6cm × 3.0cm
3 8.0cm × 8.6cm
4 6.0cm × 8.8cm
5 5.5cm × 6.6cm

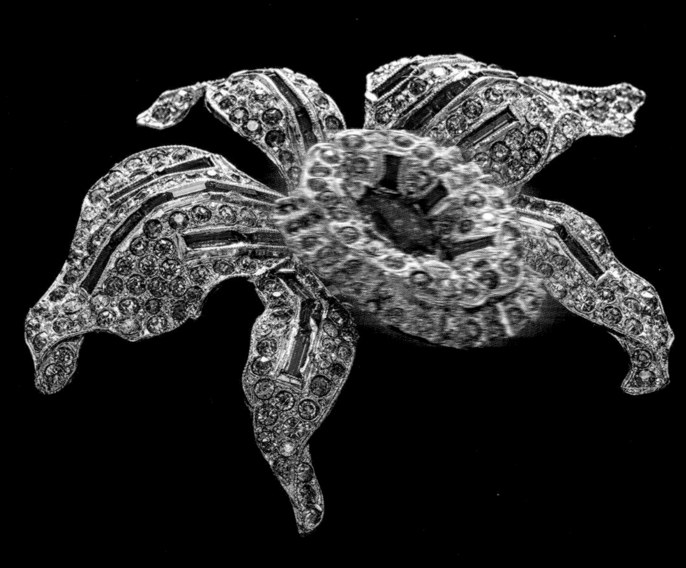

镶嵌莱茵石的花心底部有弹簧设计，兰花可以随着步伐轻轻颤动。

1

2

*

名称

1938 年海报组

品牌

TRIFARI

年代

1938

材质

白银镀铑 / 珐琅 / 托帕石

*

尺寸

1 11.0cm × 4.7cm

2 6.0cm × 4.0cm

MIRIAM HASKELL

米利亚姆·哈斯克尔（Miriam Haskell，1899—1981）出生于美国中北部印第安纳州的一座小城，父母是俄国犹太人，经营一家干货店。1924 年，芝加哥大学三年级在读的米利亚姆选择辍学，揣着 500 美元前往纽约。1926 年，她在当时纽约著名的麦卡平酒店（Hotel McAlpin）饭店盘下店面，专攻巴洛克风格时装珠宝，同年在纽约西 57 街开设了另一家精品店。

搭档 / 首席设计师

米利亚姆最早的搭档弗兰克·赫斯（Frank Hess）曾经是梅西百货的橱窗陈列师，也是 MIRIAM HASKELL 品牌的第一位首席设计师，合作长达三十多年。通常情况下，弗兰克·赫斯负责设计，在和助理一起完成初制样品后，便交由低级别的设计师和工匠进行制作，一件首饰的制作时间可长达三天，所以 MIRIAM HASKELL 的首饰存世量不大，一些高端的作品甚至都是孤品。

MIRIAM HASKELL 夸张的设计、错综复杂的掐丝镀金工艺让仿制者望而却步，尤其是它的巴洛克珍珠和掐丝手工，以及对俄罗斯古董金的运用。

选用日本巴洛克人造珍珠

MIRIAM HASKELL 品牌对于材料的挑选极为苛刻，用的全部都是最上乘的原材料——威尼斯穆拉诺岛上的玻璃珠、奥地利的水晶和莱茵石，以及日本的巴洛克人造珍珠，也被称为“最令人钦佩”的人造珍珠。巴洛克珍珠表面凹凸不平，包浆却平滑完整。那些小珠粒是烧琉璃时凝结的小原珠，经过手工滚珍珠粉、滴釉、烧制等十几道复杂工序制成。珍珠色系从温婉白到少女粉，再到高冷的香槟金和烟熏灰。每一颗珍珠之间都有金属隔断，甚至连项链的搭扣等配件上都有金属和水晶的花形，被誉为“用繁复的手工工艺打造令人赞叹的首饰”。

好莱坞女星琼·克劳馥（Joan Crawford）收集了 MIRIAM HASKELL 从 20 世纪 20 年代到 20 世纪 60 年代的几乎所有首饰。在她去世后的遗产拍卖会座席上，甚至有前来为品牌搜集历史资料的 HASKELL 团队。

第二次世界大战给米利亚姆造成了严重的心理创伤，1950 年，米利亚姆把公司卖给弟弟约瑟夫·哈斯克尔（Joseph Haskell）。1955 年，公司被转手。1960 年，公司元老级人物弗兰克·赫斯退休。此后公司被多次转手。1977 年，米利亚姆从纽约移居辛辛那提，由侄子照料，1981 年 7 月 14 日，82 岁的米利亚姆去世。

*

名称

巴洛克风格胸针

品牌

MIRIAM HASKELL

年代

1930s—2000s

材质

镀铜（“俄罗斯金”）/ 琉璃

仿珍珠（琉璃塑料附涂层）

*

尺寸

1 6.1cm × 8.1cm

2 6.6cm × 3.7cm

3 12.0cm × 6.5cm

4 5.0cm × 2.5cm

5 7.2cm × 4.8cm

6 10.4cm × 6.5cm

7 5.1cm × 5.1cm

*

名称

巴洛克风格首饰

品牌

MIRIAM HASKELL

年代

1930s—1950s

材质

镀铜（“俄罗斯金”）/ 琉璃

仿珍珠（琉璃塑料附涂层）

*

尺寸

1 5.3cm × 2.0cm

2 30.0cm × 12.5cm

3 6.0cm × 3.2cm

I

2

2

*

名称

蓝色花卉组

品牌

MIRIAM HASKELL

年代

1950s

材质

镀铜 / 琉璃

*

尺寸

1 10.4cm × 5.2cm

2 3.7cm × 3.7cm

*

名称

绿色花卉组

品牌

MIRIAM HASKELL

年代

1950s

材质

镀铜 / 琉璃 / 赛璐珞

*

尺寸

1　40.0cm × 2.6cm

2　7.0cm × 6.3cm

3　2.8cm × 2.6cm

暗夜心芒 1940s
Fighting Glow

“释放无限光明的是人心，制造无边黑暗的也是人心。光明和黑暗交织着，厮杀着，这就是我们为之眷恋而又万般无奈的人世间。”20 世纪 40 年代 Vintage 珠宝，它的极致美感与年代的黑暗之间的反差，常常让人联想到《悲惨世界》里雨果的这句话。

第二次世界大战，欧洲的珠宝公司不得不关门，自此美国新兴的时装珠宝公司失去了来自时尚之都——巴黎的借鉴，这反而让设计师们彻底放飞，开始尝试更多的材料：陶瓷、木材、皮革、塑料、纤维织物、珐琅彩、莱茵石、人造石……胸针的材质更为多元化的同时，款式设计也更加简洁、明快、温暖，如“二重奏”设计、“链条控制”机械装置、三维立体设计等等。

20 世纪 40 年代，美国由于战略物资匮乏，明文禁止诸如铜、铂金等基础材料作为民用，而铅和银则不受限制。因此，大部分时装珠宝公司开始转而使用银。银其实也曾被使用，但是与合金的使用规模相比要小得多。在第二次世界大战期间，银成了唯一能被使用的金属。当时，包括时装珠宝在内的大大小小的工厂，都被征用来生产军事用品，美国对于徽章的需求量高达四五亿。战争让时装珠宝公司积累了大量的资金，用于材料的研发和工艺的精进，TRIFARI 知名的“果冻肚皮”系列便是用废弃的战斗机挡风玻璃打磨而成的。

由于原料短缺，美国战时生产委员会在 1942 年发布了一项规定：所有服装都必须更短、更紧。为了节约战争所需原料，衣服上的褶皱、裙摆还有累赘的装饰统统被去掉，取而代之的是“狭窄的轮廓”，裙摆缩短至刚刚没过膝盖，于是铅笔裙、A 字裙就这样流行起来。

第二次世界大战结束后，各国纷纷投入到战后的重建工作中。美国的工业制造能力与日俱增。被称为“欧洲的铁匠”的德国，则彻底放弃珠宝生产，转而全身心投入军事工业。于是，时尚的中心就这样从巴黎转到了纽约。

当两千万美国将士凯旋，他们更加坚信“生命无常”，必须“及时享乐”。好莱坞电影巧妙地把快乐转化为可供购买的廉价商品，将电影院变为黑暗的庇护所。

20 世纪 40 年代，好莱坞电影进入黄金时代，好莱坞之于时尚以及大品牌的影响，至今不可逾越。在光影与浪漫的流动中，时装珠宝闪烁其间，相得益彰。好莱坞和时装珠宝的结合成为双赢的必然选择。

1940s

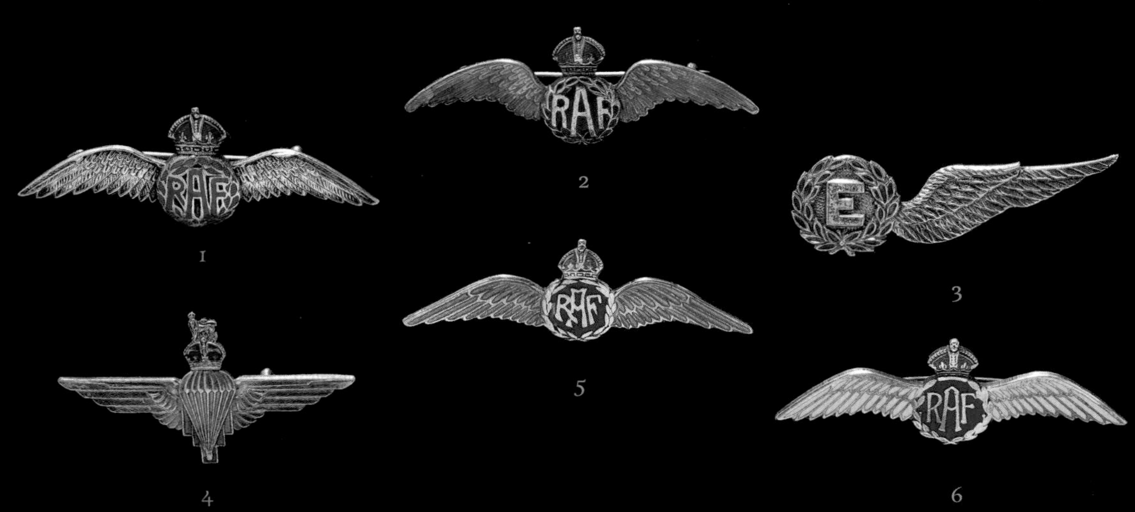

名称

英国皇家空军二战军用徽章

年代

1939—1942

材质

银 / 珐琅

尺寸

1 2.0cm × 5.4cm

2 2.0cm × 5.4cm

3 1.5cm × 5.0cm

4 2.4cm × 4.0cm

5 2.0cm × 5.4cm

6 2.0cm × 5.4cm

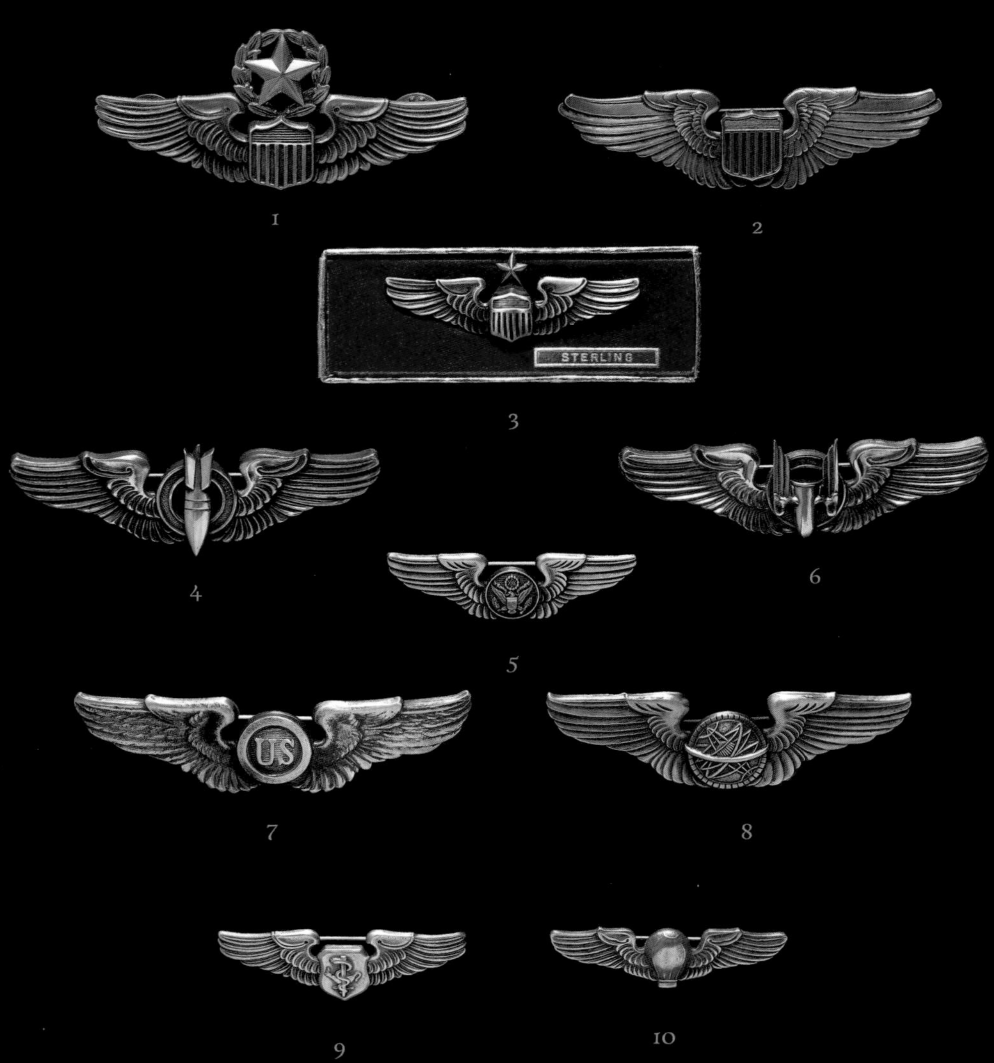

*

名称

美国空军二战军用徽章

年代

1939—1942

材质

银

*

尺寸

1 2.0cm × 7.8cm
2 2.7cm × 7.6cm
3 3.5cm × 7.8cm
4 2.0cm × 8.0cm
5 1.5cm × 5.1cm
6 3.0cm × 7.7cm
7 2.8cm × 7.7cm
8 2.4cm × 7.6cm
9 1.7cm × 4.8cm
10 1.5cm × 5.1cm

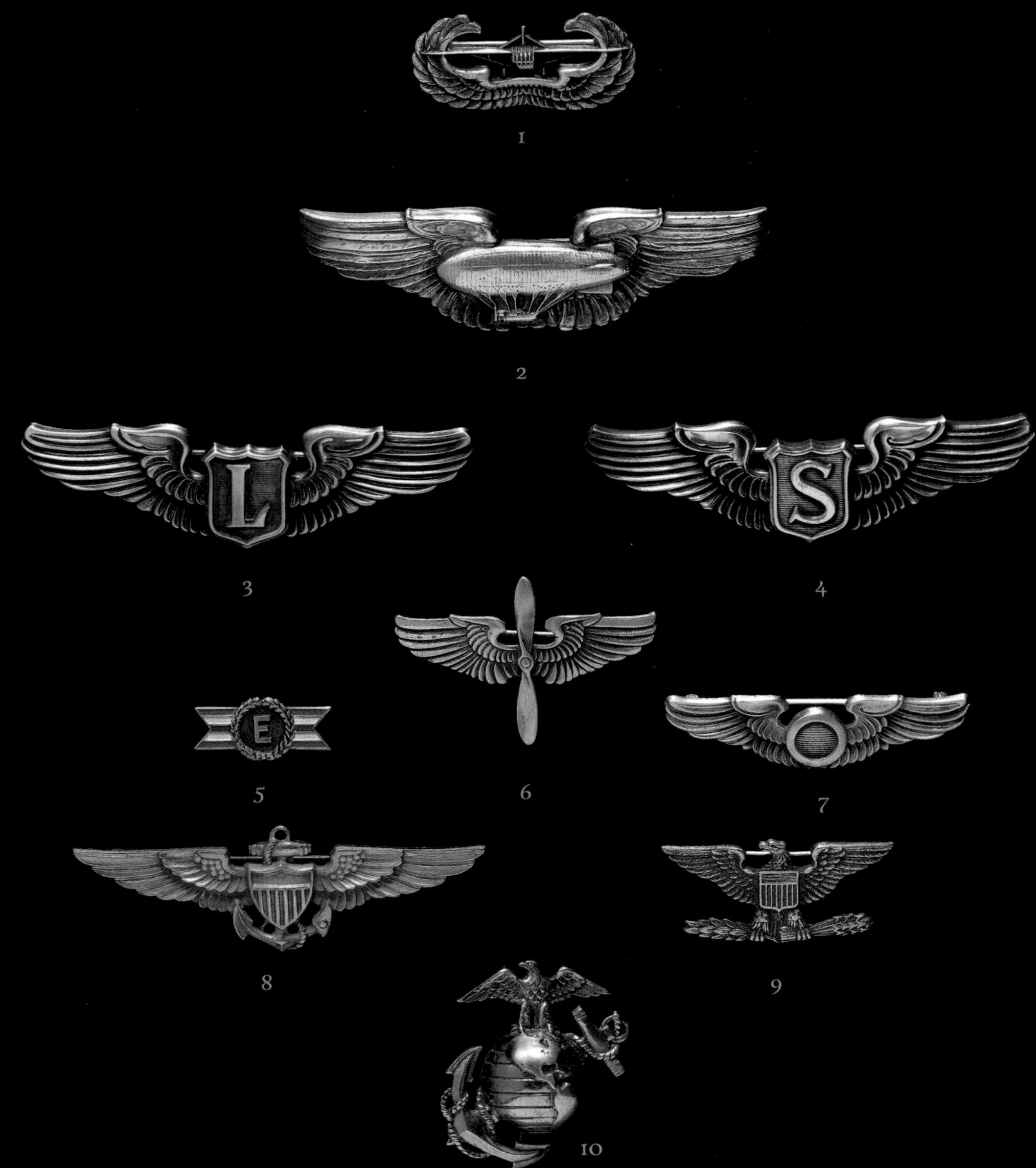

1　2　3　4　5　6　7　8　9　10

*

名称

美国空军二战军用徽章

年代

1939—1942

材质

银 / 银镀金

*

尺寸

1　1.8cm × 4.0cm

2　2.1cm × 8.0cm

3　2.3cm × 7.7cm

4　2.3cm × 7.7cm

5　2.0cm × 1.1cm

6　3.0cm × 4.5cm

7　1.5cm × 5.3cm

8　2.3cm × 7.0cm

9　2.0cm × 4.0cm

10　3.5cm × 4.0cm

甜心胸针

费雯·丽（Vivien Leigh）宛如降落尘世的天使。1939 年，这位来自英国的演员凭借史上票房最高的影片《乱世佳人》俘获了无数男性影迷。那双慧黠的大眼睛，猫一般的神情，连英国首相邱吉尔都情不自禁道："不，我要远远地欣赏上帝的杰作。"当英国士兵在沙场上浴血奋战，需要鼓舞士气的时候，费雯·丽的出现让这些男儿们热血沸腾。她所佩戴的爱国胸针也红极一时，并有了一个甜美的名字——"甜心胸针"。这些甜心胸针由二战士兵或军官的军徽演化而来，最早由军人家属佩戴，后来这种装饰胸针迅速火遍英、美等国，成为二战期间特殊的时尚潮流。

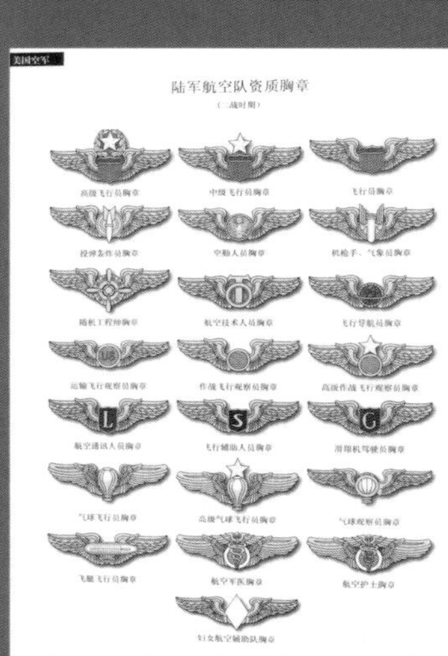

*

名称

甜心胸针

品牌

TRIFARI

年代

1939—1942

材质

银镀金 / 莱茵石 / 珐琅

*

尺寸

1 3.0cm × 3.0cm

2 3.1cm × 2.6cm

3 2.0cm × 5.3cm

4 3.5cm × 2.8cm

5 4.3cm × 4.5cm

6 2.1cm × 3.8cm

7 2.5cm × 7.3cm

8 3.0cm × 2.6cm

9 2.6cm × 4.0cm

10 2.0cm × 6.0cm

RED CROSS
VICTORIAN

*

名称

“果冻肚皮”花组

品牌

TRIFARI

年代

1940s

材质

银镀金 / 合成树脂 (Lucite)/ 莱茵石

*

尺寸

1 6.2cm × 5.7cm

2 9.7cm × 5.0cm

3 8.4cm × 6.0cm

4 8.5cm × 5.0cm

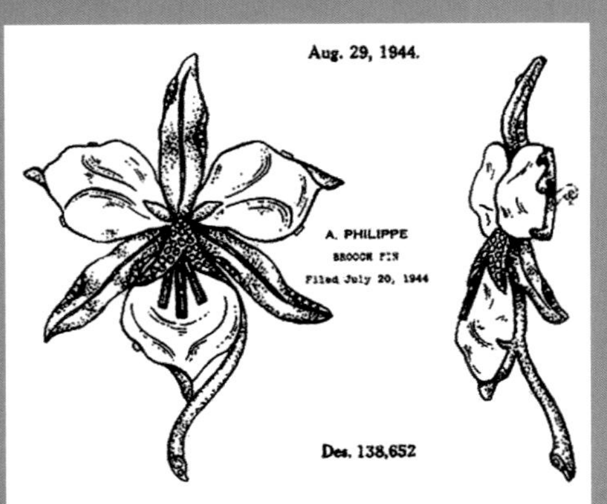

“果冻肚皮”（Jelly-Belly）

20 世纪 40 年代，美国政府把一些海军装备的订单交给了 TRIFARI。除了生产军用徽章，TRIFARI 还被分配为战斗机安装飞机的挡风玻璃。这种有机玻璃（Lucite）是合成树脂，和赛璐珞都属于塑料材质。这种材质在飞机工业得到应用，取代了赛璐珞，被用于飞机座舱罩和挡风玻璃。挡风玻璃即使有一丁点瑕疵，都会被直接废弃，所以阿尔弗雷德将这些树脂边角料进行圆形切割，设计成青蛙、公鸡、小鸟、企鹅、贵宾犬等各种动物的肚皮……这些近似水晶的设计被称之为“果冻肚皮”。大颗的“果冻肚皮”，往往采用爪镶或包镶的形式背面底座镂空，配以磨砂和哑光的工艺，以保证“果冻肚皮”的透明感和天然感。

March 2, 1943. A. PHILIPPE Des. 135,175

BROOCH OR SIMILAR ARTICLE

Filed Feb. 3, 1943

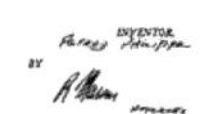

*

名称

“果冻肚皮”动物组

品牌

TRIFARI

年代

1940s

材质

银镀金 / 合成树脂 (Lucite)/ 莱茵石

*

尺寸

1 9.0cm × 5.8cm

2 4.6cm × 4.0cm

3 4.5cm × 7.0cm

4 3.8cm × 3.5cm

5 2.0cm × 2.3cm

6 5.7cm × 5.8cm

1
2
3

4

5

6

*

名称

蓝色月光石套组

品牌

TRIFARI

年代

1939—1940

材质

蓝色月光石 / 珐琅 / 银镀铑

*

尺寸

1 2.2cm × 1.8cm

2 22.3cm × 6.5cm

3 19.2cm × 1.0cm

4 7.2cm × 5.7cm

5 8.7cm × 5.6cm

6 8.8cm × 6.2cm

*
名称
葡萄胸针

品牌
TRIFARI

年代
1942

*
材质
银镀铑 / 琉璃

尺寸
8.2cm × 5.5cm

*

名称

彩色花束组

品牌

TRIFARI

年代

1940s

材质

银镀铑 / 莱茵石 / 珐琅

*

尺寸

1 12.7cm × 7.5cm

2 11.0cm × 5.3cm

3 8.6cm × 7.0cm

4 9.0cm × 6.0cm

5 11.0cm × 6.0cm

6 10.0cm × 5.7cm

4
5
6

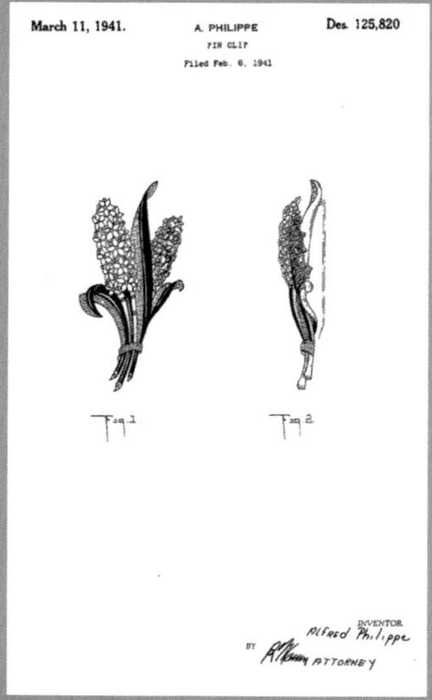

March 11, 1941. A. PHILIPPE Des. 125,820

PIN CLIP

Filed Feb. 6, 1941

INVENTOR
Alfred Philippe
BY
ATTORNEY

Feb. 20, 1940. A. PHILIPPE Des. 119,092

PIN CLIP

Filed Jan. 17, 1940

INVENTOR
BY
ATTORNEY

名称

莱茵石花束组

品牌

TRIFARI

年代

1940s

材质

银镀铑 / 莱茵石

尺寸

1-2 11.2cm × 4.9cm

3-5 7.2cm × 4.8cm

6 5.7cm × 5.1cm

7 9.7cm × 8.5cm

7

6

Aug. 20, 1940. A. PHILIPPE Des. 122,097

PIN CLIP

Filed July 18, 1940

Aug. 20, 1940. A. PHILIPPE Des. 122,098

PIN CLIP

Filed July 18, 1940

Aug. 20, 1940. A. PHILIPPE Des. 122,096

PIN CLIP

Filed July 18, 1940

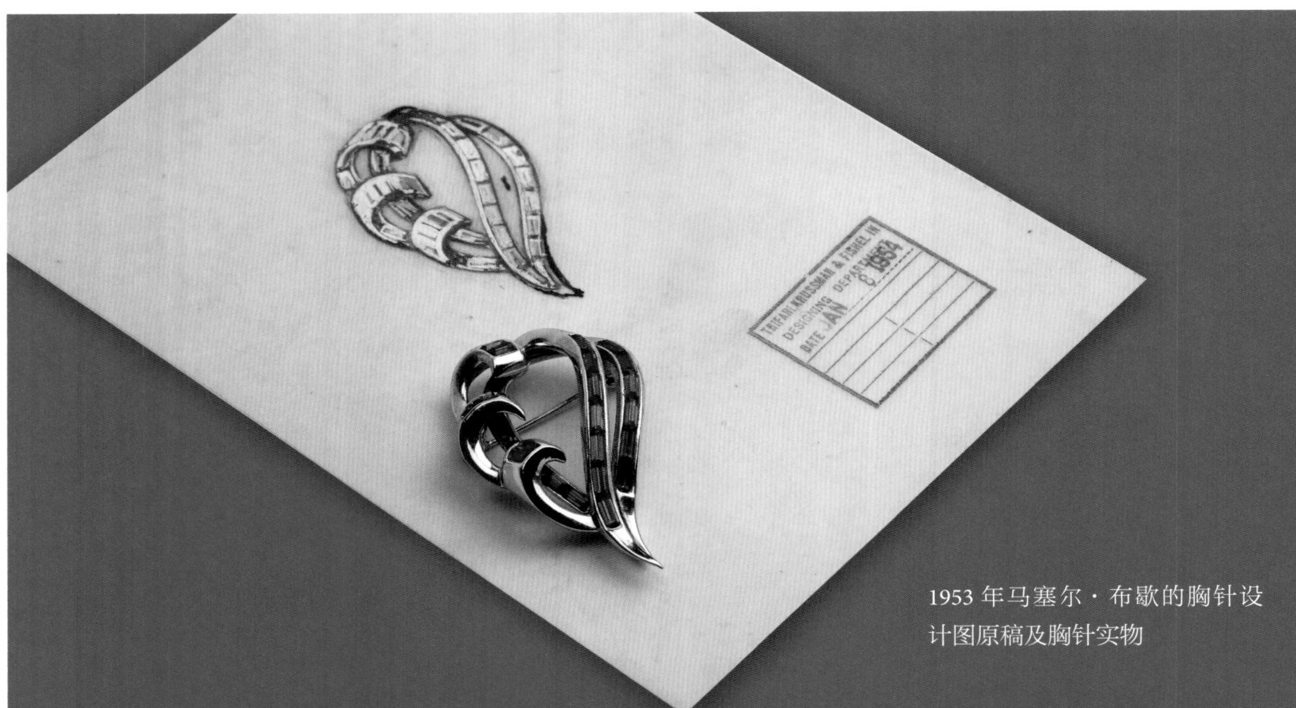

1953 年马塞尔·布歇的胸针设计图原稿及胸针实物

MARCEL BOUCHER

WWD, January 21, 1949: Marcel Boucher.

马塞尔·布歇（Marcel Boucher，1898—1965）出生于巴黎的缝纫女工家庭，1920 年之前曾在 CARTIER 珠宝做过学徒，确切地说，是制作首饰模具的工匠。1922 年被 CARTIER 派往纽约学艺。1929 年，马塞尔·布歇被裁员，随后加入刚成立两年的“Mazer Brothers”珠宝公司。

1937 年，马塞尔和太太成立自己的公司“Marcel Boucher 新潮珠宝公司”，并聘请了阿瑟·哈尔伯施塔特（Arthur Halberstadt）。阿瑟曾先后在 TRIFARI 和 MAZER BROTHERS 工作。马塞尔·布歇将销售以及公司管理全权交给阿瑟。1944 年公司更名 MARCEL BOUCHER & CIE。

第二次世界大战爆发后，美国政府开始限制基础材料的使用，马塞尔·布歇将工厂迁往墨西哥，继续使用墨西哥银进行生产。战后，他又带着机器和人马回到纽约。1947 年，当整个行业都开始重新使用廉价的合金进行生产时，马塞尔仍然坚持使用纯银制作。

"Columbine"
PAT. PENDING
fragile loveliness forever crystalized in rhinestones by
MARCEL
BOUCHER
This exquisite pin, sparkling with a multitude of tiny gems and baguettes, actually rivals in beauty the dainty flower which inspired its design . . . . About $17.00
AT ALL LEADING STORES
Other Marcel Boucher exclusive creations priced from $3.00.
MARCEL BOUCHER, Ltd., 29 W. 35 St., N.Y.C.

1949 年，合伙人阿瑟·哈尔伯施塔特从公司撤出。同年，马塞尔从 HARRY WINSTON 请来了桑德拉·赛蒙索（Sandra Semensohn）担任设计助理。1958 年，桑德拉找到新雇主 TIFFANY，不到三年，又回到马塞尔身边。1964 年，马塞尔·布歇和太太离婚，并很快和桑德拉结婚。婚后不到三个月，马塞尔去世，公司事务交由第二任妻子桑德拉打理，直到 20 世纪 70 年代早期。桑德拉主导设计的作品品质深得其丈夫的精髓，但是她不善于打理生意。1972 年，她把公司卖给了美国制表商 DAVORN；1976 年，公司被转手给了加拿大公司 D'ORLAN，该公司的老板是马塞尔·布歇曾经的徒弟莫里斯·布拉德尔（Maurice Bradden）。D'ORLAN 曾一度试图复刻 MARCEL BOUCHER 当年的设计。2006 年，公司彻底停业。

*

名称

珠光珐琅彩百鸟胸针

品牌

MARCEL BOUCHER

年代

1940s

材质

银镀铑 / 莱茵石 / 珠光珐琅

尺寸

8.0cm × 14.5cm

*

名称

珠光珐琅百鸟胸针

品牌

MARCEL BOUCHER

年代

1940s

材质

银镀铑 / 莱茵石 / 珠光珐琅

尺寸

8.0cm × 8.5cm

立体飞鸟胸针

多年的模具制作经验，让马塞尔·布歇的设计灵动而栩栩如生。马塞尔·布歇对颜色的运用和把握恰到好处。1939 年，马塞尔推出 6 枚立体飞鸟胸针，当时这批胸针由第五大道的萨克斯百货公司代为销售，很快就成了畅销爆款。

马塞尔首创三维立体设计。20 世纪 40 年代末，公司因为三维立体设计和当时市场份额最大的 CORO 走上法庭，并最终赢得官司。

*

名称

珠光珐琅百鸟胸针

品牌

MARCEL BOUCHER

年代

1940s

材质

银镀铑 / 莱茵石 / 珠光珐琅

尺寸

7.5cm × 8.5cm

*

名称

珠光珐琅百鸟胸针

品牌

MARCEL BOUCHER

年代

1940s

材质

银镀铑 / 莱茵石 / 珠光珐琅

尺寸

14.0cm × 7.0cm

1
2
3
4
5
6

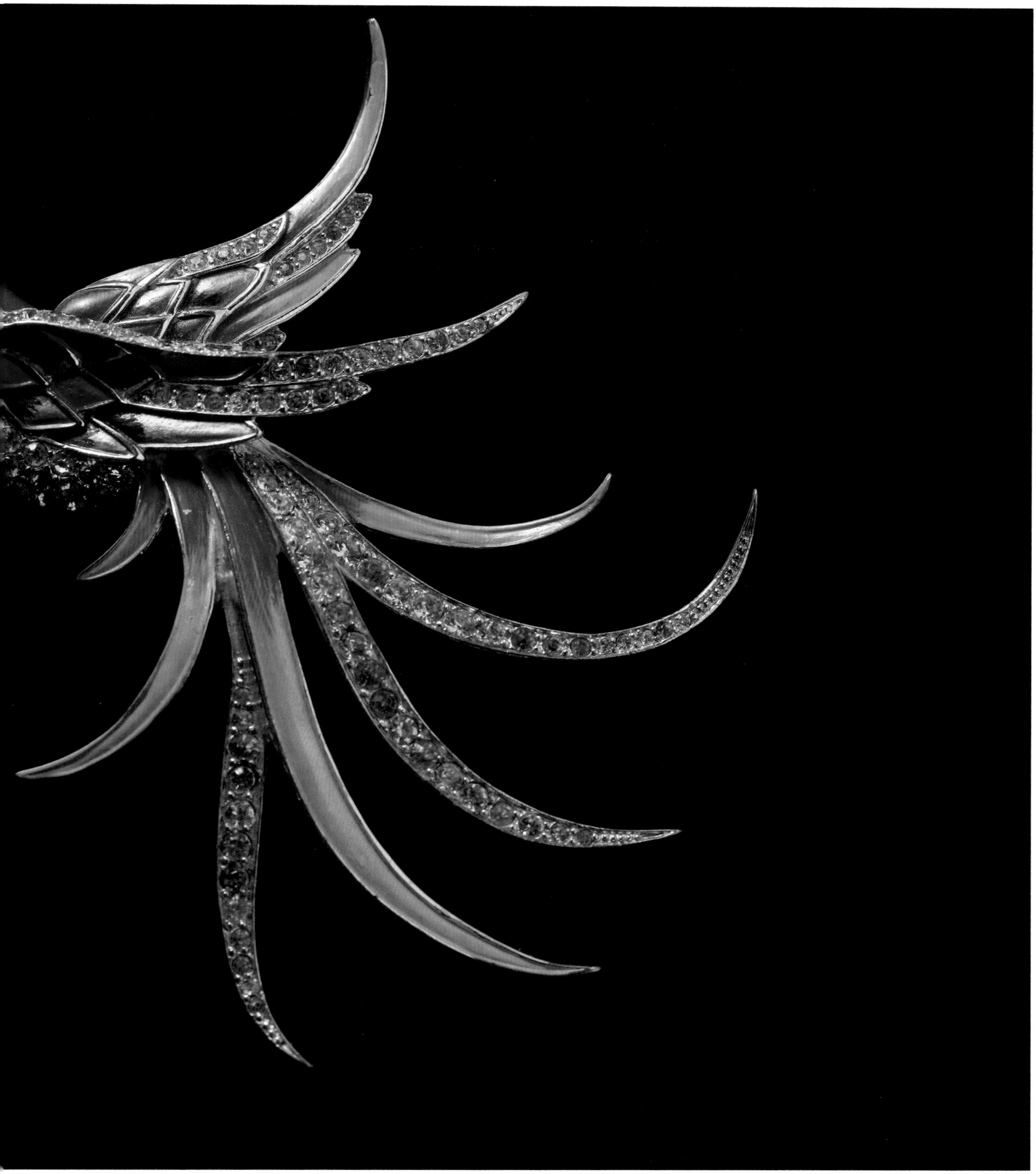

*

名称

珠光珐琅百鸟组

品牌

MARCEL BOUCHER

年代

1940s

材质

银镀铑 / 莱茵石 / 珠光珐琅

*

尺寸

1 7.5cm × 7.0cm

2 6.3cm × 5.6cm

3 8.0cm × 4.0cm

4 7.5cm × 5.0cm

5 9.5cm × 4.0cm

6 10.5cm × 8.0cm

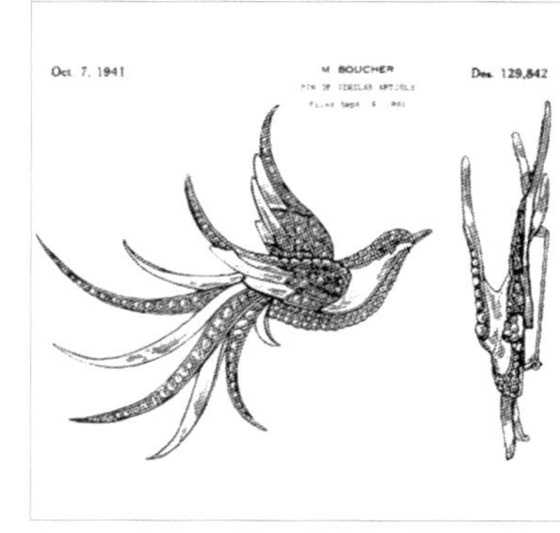

*

名称

珠光珐琅田园系列

品牌

MARCEL BOUCHER

年代

1940s

材质

银镀铑 / 莱茵石 / 珠光珐琅

*

尺寸

1 6.2cm × 5.6cm

2 9.8cm × 7.5cm

3 6.8cm × 6.0cm

4 10.0cm × 6.5cm

5 5.5cm × 6.0cm

6 8.5cm × 5.5cm

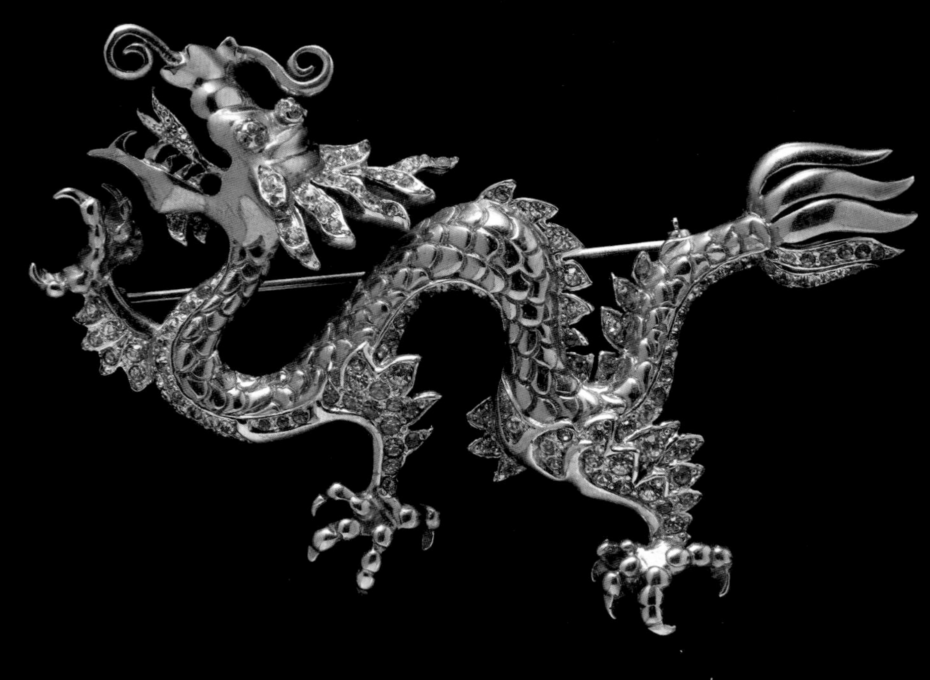

*

名称

中国龙胸针

品牌

MARCEL BOUCHER

年代

1940s

材质

银镀金 / 银镀铑 / 莱茵石

尺寸

5.1cm × 8.8cm

*

名称

紫水晶花瓶胸针

品牌

EISENBERG

年代

1940s

材质

银镀金 / 水晶 / 莱茵石

尺寸

10.0cm × 6.5cm

*

名称

绣球胸针

品牌

MAZER

年代

1940s

材质

银镀铑 / 珐琅

尺寸

8.0cm × 6.4cm

JOSEPH MAZER / JOMAZ

马泽尔（Mazer）家族来自俄罗斯，这是一个有着皇室血统的大家族，共有七个儿子，大约在 1917 至 1923 年，他们举家移民美国。

1917 年，约瑟夫・马泽尔（Joseph Mazer，生卒年份不详）和兄弟路易斯・马泽尔（Louis Mazer，生卒年份不详）成立公司，经营皮鞋扣。1927 年，在卡地亚工匠马塞尔・布歇和珠宝商奥伦斯坦（Orenstein）的建议下，决定将重心转向时装珠宝。1927 年，他们成立新公司，取名“马泽尔兄弟”（MAZER BROTHERS）。1929 年，马塞尔・布歇被卡地亚裁员，加入马泽尔兄弟。1936 年，马塞尔设计了一组立体的流线型胸针，声名大噪。1937 年，马塞尔・布歇成立了自己的品牌。

20 世纪 40 年代后期，MAZER BROTHERS 因设计缺乏原创和想象力，逐渐失去了市场。1948 年，路易斯和他的儿子纳特（Nat）继续经营原来的公司，而约瑟夫则另立门户，带着儿子林肯（Lincoln）以及搭档保罗・格林（Paul A. Green）成立了 JOSEPH J. MAZER 公司，后来被称为 JOMAZ。

JOMAZ 沿用了 MAZER BROTHERS 的方式，以镀金和镀银镶嵌高品质的莱茵石、人造珍珠和人造绿松石。通过与金属的组合创造出双重色调的视觉，并不计代价地使用很少出现在大多数人造珠宝上的圆宝石，成了时装珠宝行业里最能“以假乱真”的品牌。相比具象图案，约瑟夫更迷恋抽象的设计，把“大冰糖”（枕形切割的大块宝石）和衬托“大冰糖”做到极致，仿玉技术也是一流。

20 世纪 50 年代初，MAZER BROTHERS 倒闭。20 世纪 60 年代中期，约瑟夫将 JOMAZ 的管理权交给儿子林肯。1976 年，林肯去世，公司管理权再次转移至其遗孀。1981 年，公司彻底停止运营。

名称
陶瓷玫瑰胸针
品牌
MAZER
年代
1940s
材质
陶瓷 / 合金 / 莱茵石
尺寸
12.0cm × 4.5cm

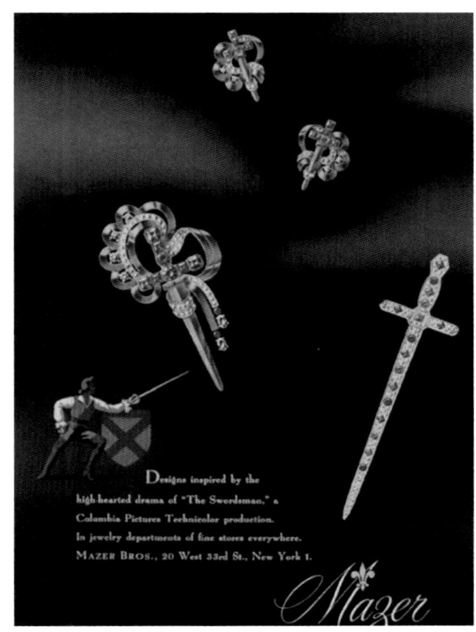
Designs inspired by the
high-hearted drama of "The Swordsman," a
Columbia Pictures Technicolor production.
In jewelry departments of fine stores everywhere.
Mazer Bros., 20 West 33rd St., New York 1.
Mazer

名称	尺寸
皇家胸针 & 骑士剑组	1　16.2cm × 4.2cm
品牌	2　3.1cm × 2.4cm
MAZER	3　11.1cm × 3.3cm
年代	4　10.5cm × 3.7cm
1947	5　8.5cm × 4.5cm
材质	6　8.5cm × 4.5cm
纯银镀金 / 莱茵石	7　10.1cm × 3.3cm

*

名称

皇家胸针 & 骑士剑组

品牌

MAZER

年代

1947

材质

纯银镀金 / 莱茵石

*

尺寸

1 5.0cm × 6.5cm

2 3.5cm × 4.2cm

3 8.0cm × 2.0cm

4 6.8cm × 4.4cm

1

2

*

名称

皇家胸针 & 骑士剑组

品牌

MAZER

年代

1947

材质

纯银镀金 / 莱茵石

*

尺寸

1　14.0cm × 4.0cm

2　14.0cm × 4.0cm

TRIFARI “Ming”系列

1942年春，TRIFARI推出“Ming”（中国明朝）系列：狮子、老虎、斧头、龙、麒麟、乌龟、蝙蝠、宝塔等东方元素被阿尔弗雷德进行了大胆的演绎，“不在乎像与不像，重要的是我理解的就是这样”，阿尔弗雷德如此言道。

“Ming”系列如今在收藏市场极为稀缺，其中最震撼的是戴着皇冠的大黑鹅，出自大卫·米尔（David Mir），这位设计师偏爱黑色和乳白色的镀金，搭配红、绿宝石，白色巴洛克珍珠，黑色、黄色珐琅，展示他想象中的中国明式美学。

Chinese Goes Modern in Luxury Pieces Worked in Stone, Enamel

Tribute to elegant Chinese inspiration registers in the new collection of Trifari, Krussman & Fishel, Inc., as reported earlier in “Women's Wear Daily.”

The graceful tree is done in red enamel, with green and white stones as flowers; the fire-eating dragon is particularly ferocious in simulated jade, rhinestones and gold, while the earring, sketched at the upper right, is in light amethyst with green enamel; it suggests a warrior figurine.

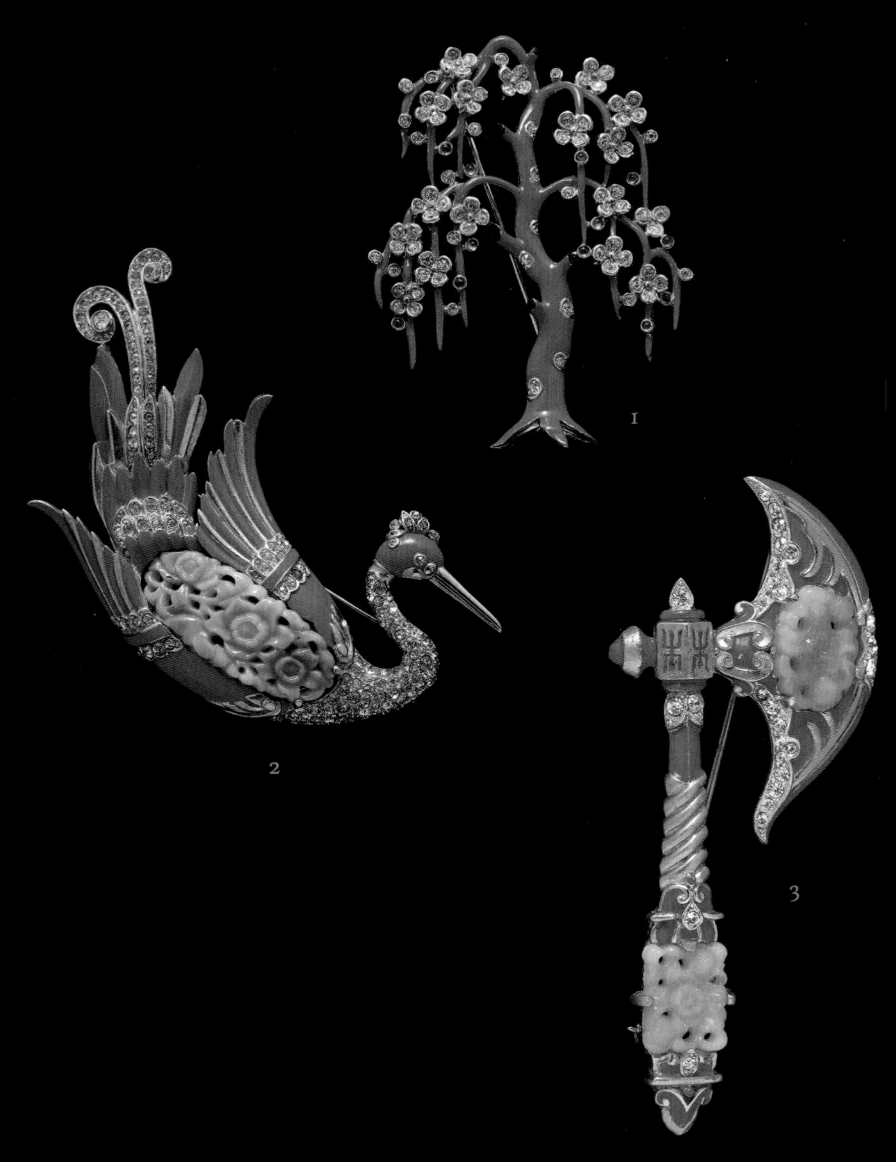

1

2

3

名称	尺寸
“Ming”系列	1 8.2cm×6.0cm
品牌	2 10.2cm×6.0cm
TRIFARI	3 9.5cm×4.0cm
年代	4 6.5cm×6.0cm
1942	5 8.5cm×4.5cm
材质	6 5.7cm×5.7cm
纯银镀金 / 珐琅	7 7.6cm×3.0cm

4
5
6
7

*

名称

“Ming”系列天鹅皇后胸针

品牌

TRIFARI

年代

1942

材质

纯银镀金 / 珐琅

尺寸

12.4cm × 7.5cm

TRIFARI.
Feb. 10, 1942.
A. PHILIPPE
BROOCH OR SIMILAR ARTICLE
Filed Dec. 30, 1941
Des. 131,365
INVENTOR.

1

2

3

*

名称

枝头鸟胸针

品牌

TRIFARI

年代

1942

材质

银镀金 / 水晶 / 莱茵石

*

尺寸

1 6.0cm × 6.0cm

2 6.0cm × 6.0cm

3 6.0cm × 6.0cm

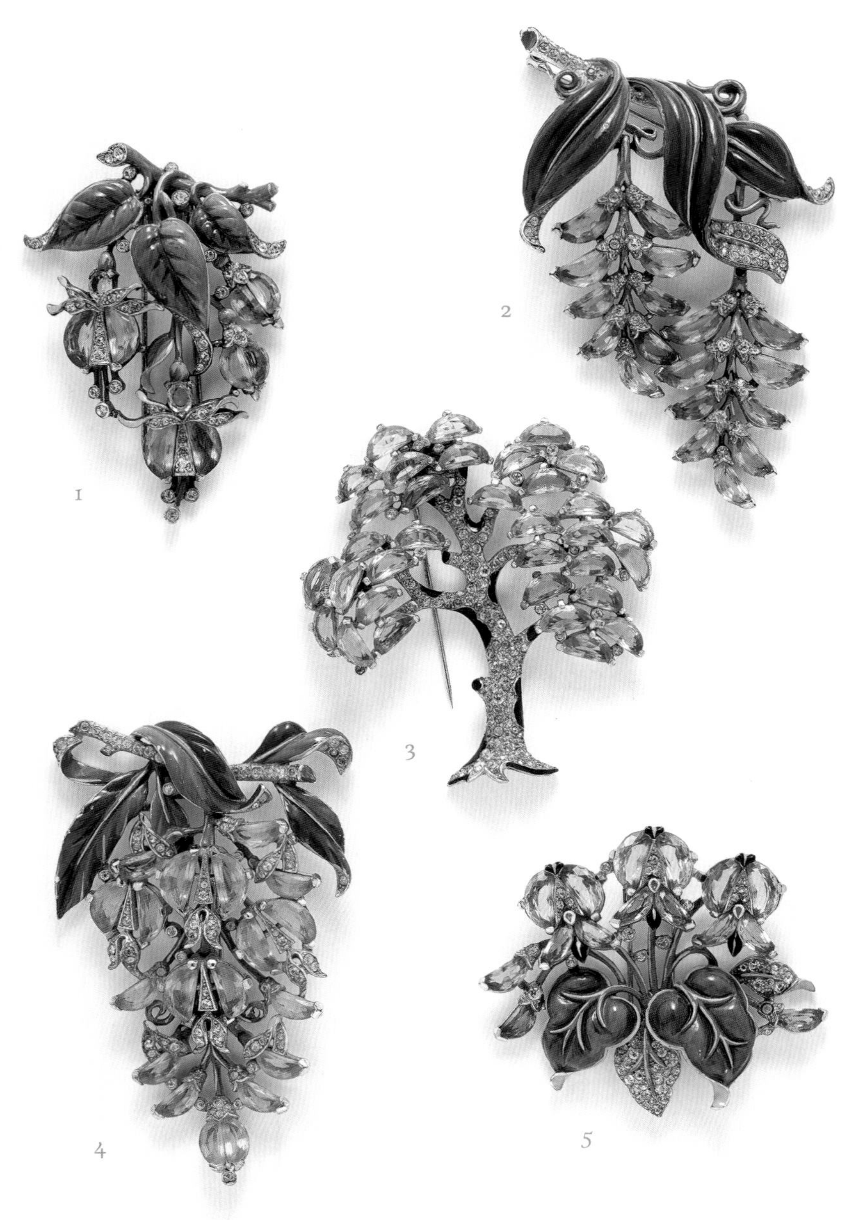
1
2
3
4
5

*
名称
“新月”系列
品牌
TRIFARI
年代
1942
材质
银镀铑 / 莱茵石 / 珐琅

*
尺寸
1 7.5cm × 5.0cm
2 8.3cm × 6.5cm
3 7.3cm × 6.8cm
4 9.3cm × 6.2cm
5 5.8cm × 6.9cm

TRIFARI“新月”（Demilune）系列

Demilune，指半月或新月，这里指的是琉璃的形状。二战期间，TRIFARI 使用新月形琉璃经由独特的切割工艺，创造出一颗颗圆润而丰盈的新月，一弯弯新月簇拥成盛放的紫藤花和生命树，绚烂瑰丽。

March 31, 1942. A. PHILIPPE Des. 131,866

BROOCH OR SIMILAR ARTICLE

Filed Jan. 29, 1942

Fig. 1. Fig. 2.

INVENTOR

Alfred Philippe

BY

ATTORNEY

TRIFARI“皇冠”系列

“欲戴其冠，必承其重。”它存在于每个女孩的公主梦里。

20世纪40年代初，欧洲皇室题材电影流行，设计师阿尔弗雷德顺势推出“皇冠”系列，其火爆程度之高使TRIFARI决定将皇冠纳入其标志中。多年以来该系列一直不断地推出不同版本、不同配色的皇冠。目前市场上最稀缺、也最受欢迎的是20世纪40年代月光石宝石蓝、祖母绿、宝石红的经典色搭配。

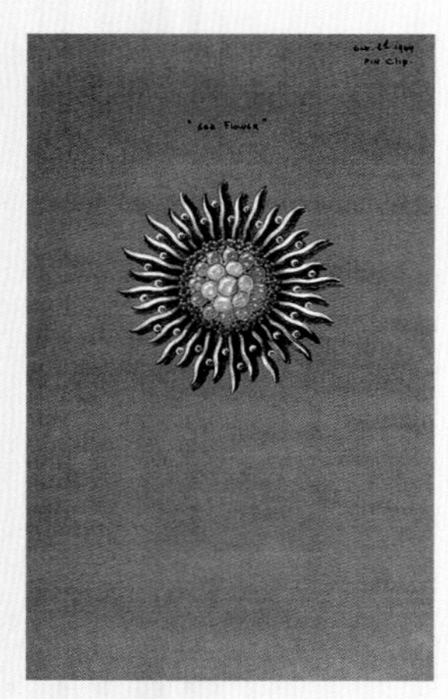
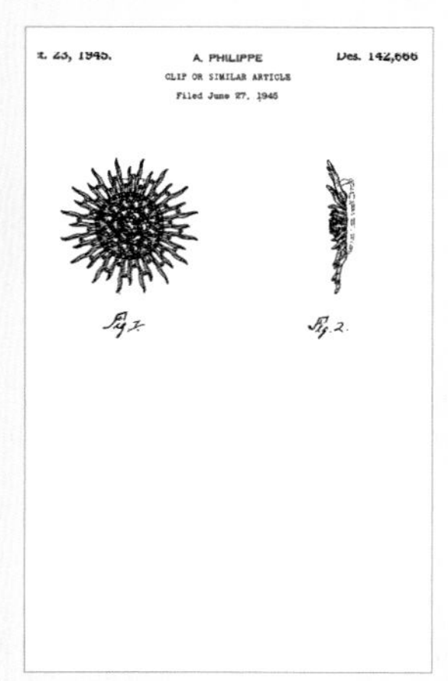

*

名称

“皇冠”系列

品牌

TRIFARI

年代

1944—1960

材质

纯银镀金 / 合金镀金 / 月光石

莱茵石 / 抛光宝石 / 琉璃

*

尺寸

1	（第一代皇冠，1944）4.5cm × 5.0cm
2-3	（第二代皇冠，1950）5.0cm × 4.5cm
4	（第二代皇冠，1950）3.6cm × 3.5cm
5-7	（第三代皇冠，1955）5.0cm × 4.5cm
8	（第四代皇冠，1960）5.0cm × 4.5cm
9	（第三代皇冠，1955）5.0cm × 4.5cm
10-11	（第三代皇冠，1955）3.6cm × 3.5cm
12	（第二代皇冠耳夹，1950）2.5cm × 1.5cm
13	（第二代皇冠耳夹，1955）2.5cm × 1.5cm

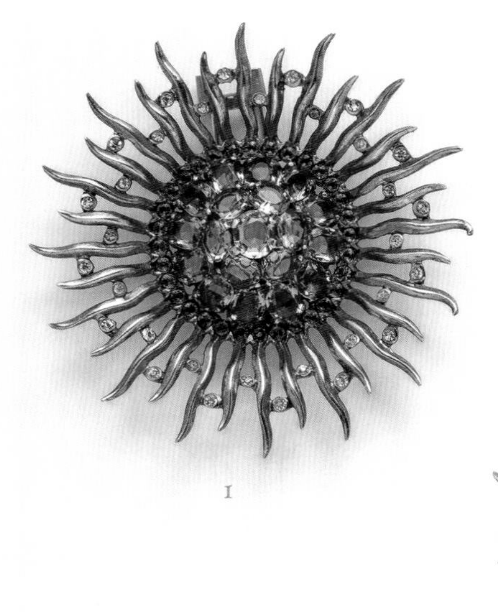

1

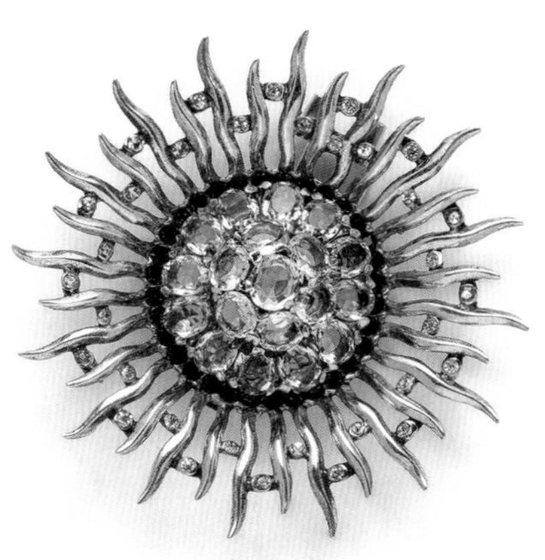

2

3

4

*	*
名称	尺寸
旭日琴鸟海报组	1-2 6.5cm × 6.5cm
品牌	3 4.4cm × 4.9cm
TRIFARI	4 3.2cm × 3.6cm
年代	5-7 7.2cm × 5.0cm
1947	8-9 3.5cm × 2.9cm
材质	
纯银镀金 / 月光石 / 莱茵石	

5

6

7

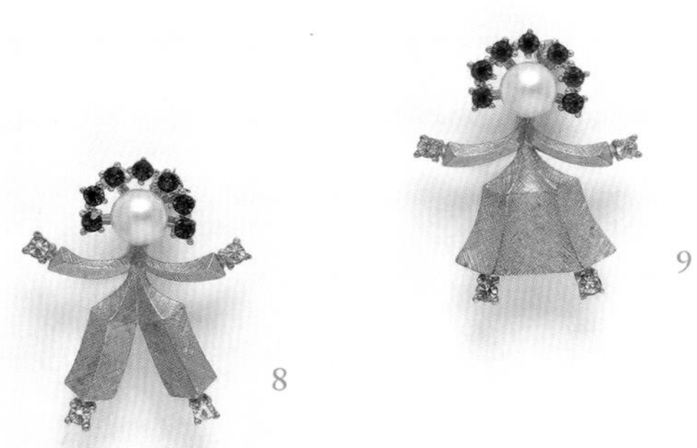

8

9

Sunburst of Brilliance
for your nails and lips!
CHEN YU SunRed

Jewels by TRIFARI

名称

蓝钻白色月光石套组

品牌

TRIFARI

年代

1949

材质

纯银镀金 / 月光石 / 莱茵石

尺寸

1 8.0cm × 5.2cm

2 2.5cm × 2.0cm

3 4.8cm × 4.4cm

4 4.0cm × 3.0cm

5 6.6cm × 5.9cm × 2.2cm

6 35.2cm × 4.2cm

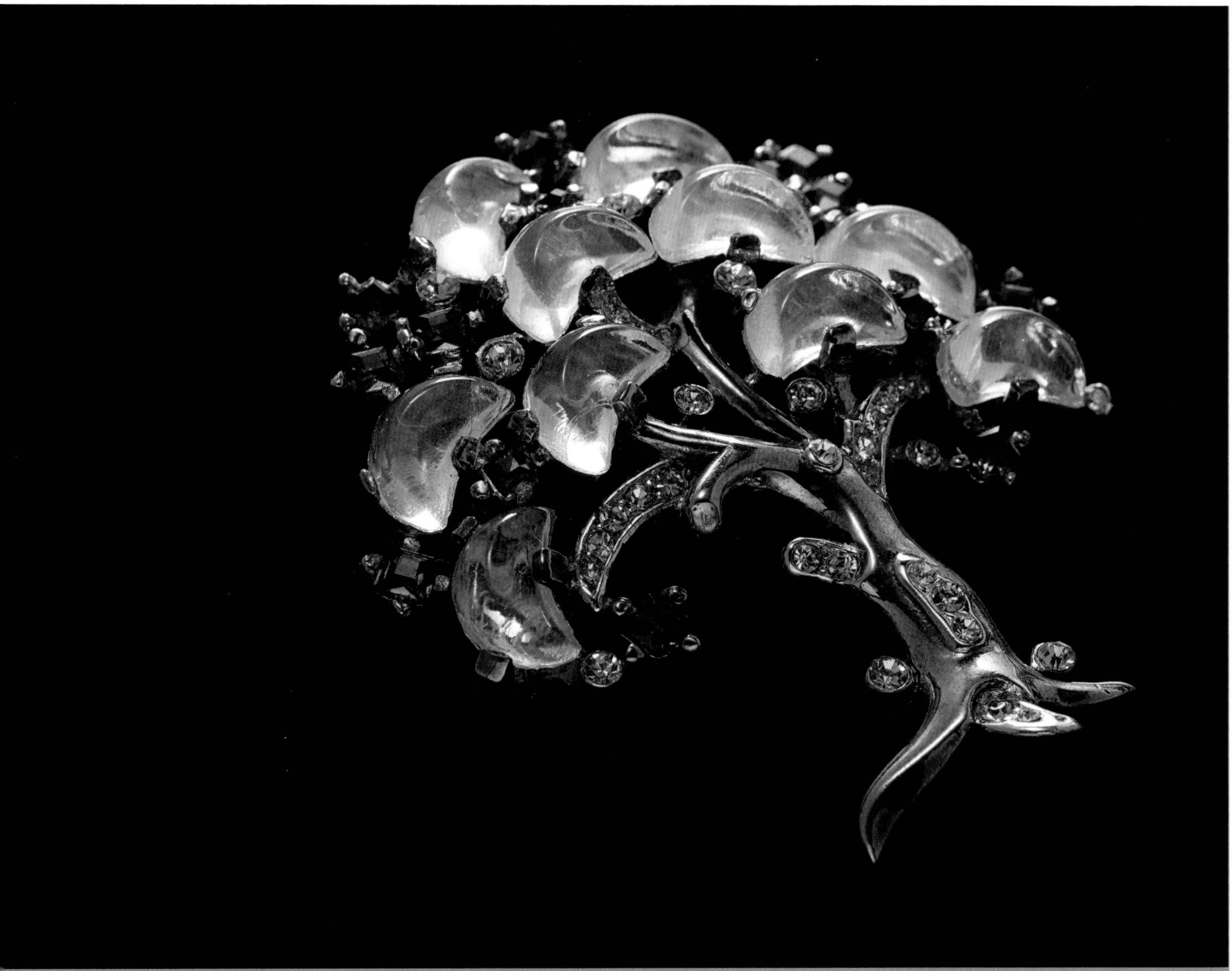

月光石，又称月长石，是具有月光效应的长石族矿物。月光石通常呈无色至白色，也有红棕色、绿色和暗褐色的品种。最重要的产地是斯里兰卡。品质好的月光石呈半透明状，泛有波浪漂游的蓝光。宝石中心出现恍若月光的幽蓝或亮白的晕彩，因而得名“月光石”。

20 世纪 40 年代，TRIFARI 推出的月光石系列，用发丝纹琉璃仿月光石，极为逼真，温润雅致，若隐若现的朦胧质感，如月光般皎洁剔透。

*

名称

红钻白色月光石套组

品牌

TRIFARI

年代

1949

材质

纯银镀金 / 月光石 / 莱茵石

*

尺寸

1 5.1cm × 6.4cm

2 5.5cm × 3.9cm

3 17.8cm × 1.6cm

4 9.5cm × 6.0cm

1

2

3

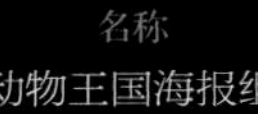

*

名称

动物王国海报组

品牌

TRIFARI

年代

1940s

材质

纯银镀金 / 月光石

*

尺寸

1 4.4cm × 4.2cm

2 5.9cm × 4.3cm

3 4.3cm × 2.7cm

1

2

3

*

名称

沙拉花篮胸针

品牌

TRIFARI

年代

1949

材质

纯银镀金 / 琉璃

*

尺寸

1 3.6cm × 5.5cm

2 3.6cm × 5.5cm

3 3.6cm × 5.5cm

TRIFARI'S
Fleur de Paris
BROADWAY
Southern California

1.
2.
3.
4.
Woodland Fantasies
Gay, jeweled pins typifying the
Trifari touch of exquisite work-
manship, superb design. Picture
the charm of three or more accenting
your neckline, gracing your lapel,
or punctuating your scarf or belt.
Perfect Easter magic for gift-giving,
too. From $2.00 to $12.50 at
your favorite store. Tax extra
5.
6.
7.
8.
9.
Jewels by
TRIFARI

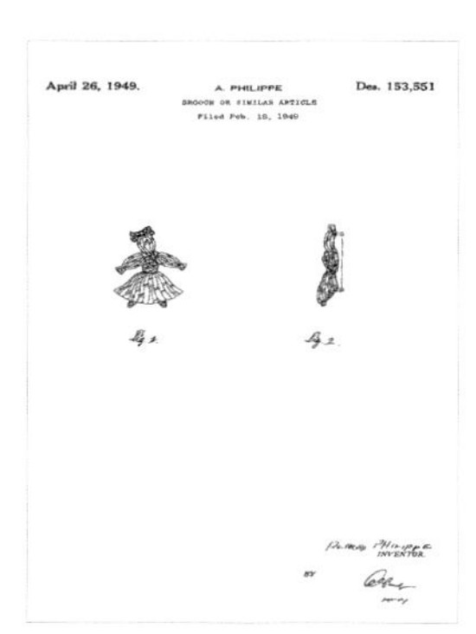
April 26, 1949. A. PHILIPPE Des. 153,551

BROOCH OR SIMILAR ARTICLE

Filed Feb. 18, 1949

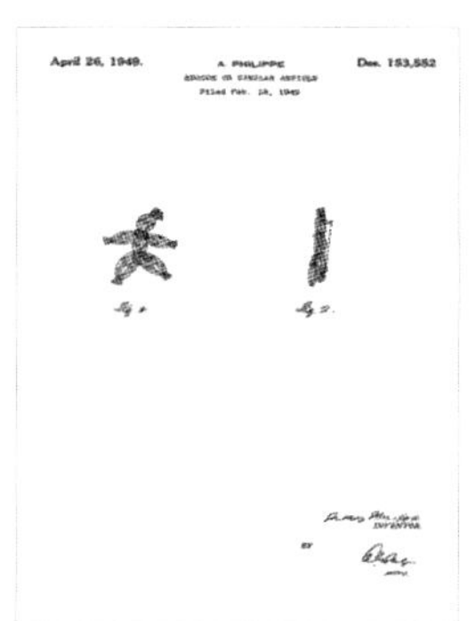
April 26, 1949. A. PHILIPPE Des. 153,552

BROOCH OR SIMILAR ARTICLE

Filed Feb. 18, 1949

1949年的Pom-Pom和Tom-Tom，金属部分均镀铑，模制玻璃雕刻出爪棱纹服饰，并饰有密镶圆形水钻。简单的流线传神地勾勒出可爱的特质，爪棱纹的设计也让人物更飘逸立体。

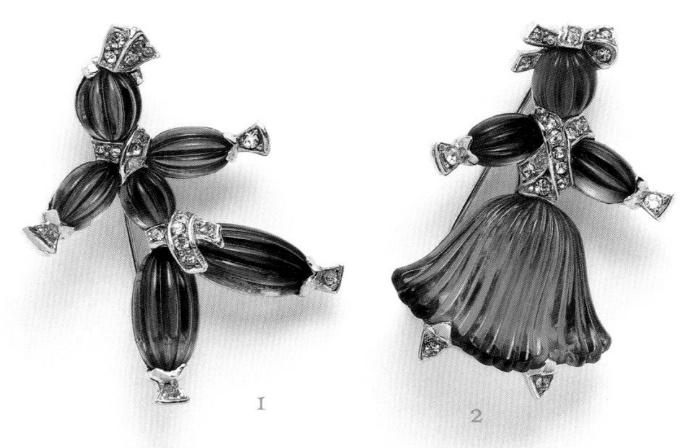

1 2

3 4

6 5

*

名称

俄罗斯跳舞娃娃胸针

品牌

TRIFARI

年代

1949

*

材质

银镀铑 / 琉璃

尺寸

1-6　3.8cm × 2.8cm

1 2 3

*
名称
猫头鹰胸针
品牌
TRIFARI
年代
1941

*
材质
银镀铑 / 抛光宝石
莱茵石 / 珐琅
尺寸
1-3　4.1cm × 2.6cm

*

名称

托帕石水池胸针

品牌

TRIFARI

年代

1940s

材质

合金 / 托帕石

尺寸

5.0cm × 6.2cm

名称
彩宝蝴蝶组
品牌
TRIFARI
年代
1945
材质
纯银镀金
抛光宝石 / 莱茵石

尺寸
1 5.6cm × 4.5cm
2 3.1cm × 2.4cm
3 4.6cm × 3.5cm
4 2.4cm × 3.1cm

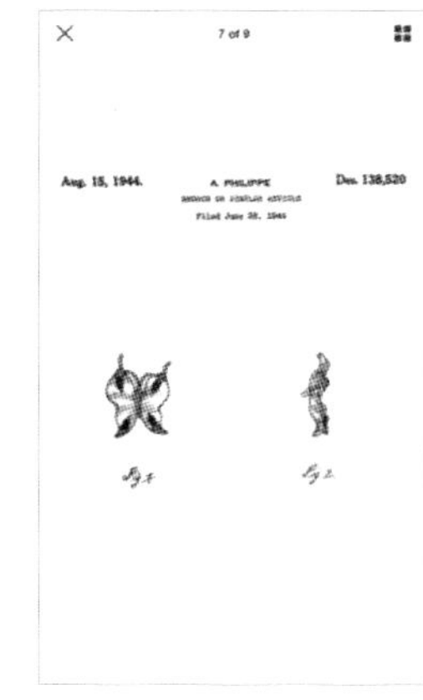

*

名称

蓝燕组

品牌

TRIFARI

年代

1949

（1960s 原品牌复刻）

材质

纯银镀金 / 蓝色月光石

*

尺寸

1 5.8cm × 6.5cm

2 4.5cm × 5.0cm

3 4.1cm × 3.9cm

4 2.4cm × 1.8cm

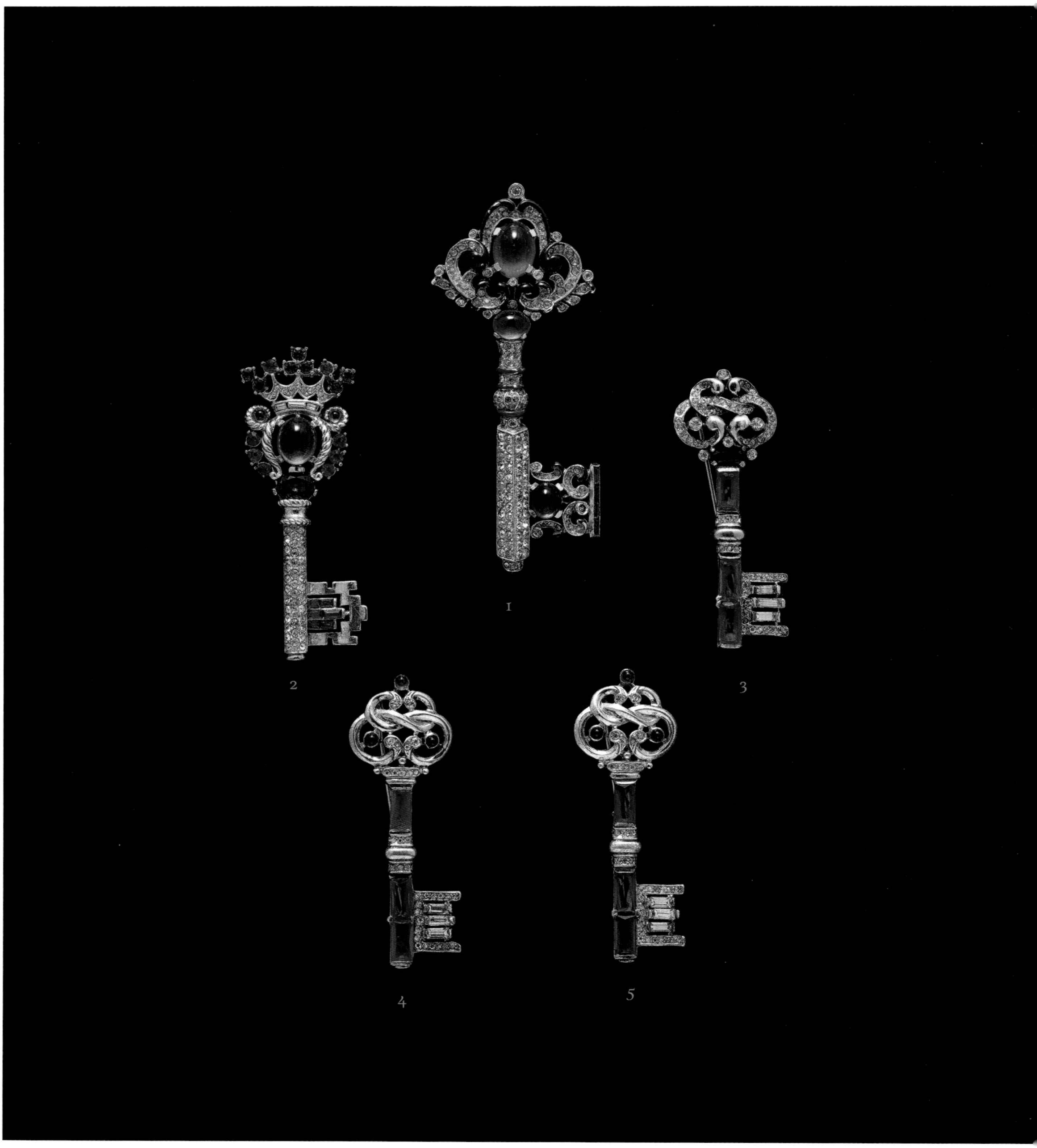

1

2

3

4

5

名称

钥匙胸针

品牌

TRIFARI

年代

1940s

材质

合金 / 琉璃

尺寸

1 9.3cm × 3.8cm

2 8.0cm × 3.1cm

3 6.5cm × 2.5cm

4 6.8cm × 2.4cm

5 6.8cm × 2.4cm

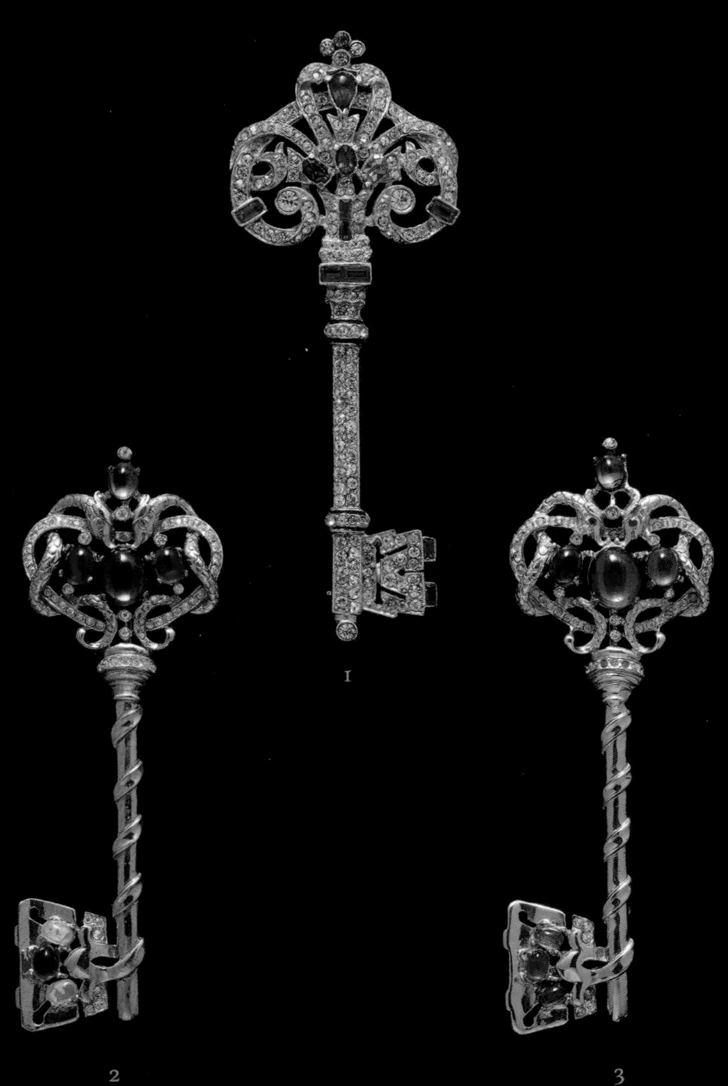

1

2

3

*

名称

钥匙胸针

品牌

CORO

年代

1940s

材质

合金 / 琉璃

*

尺寸

1　12.0cm × 4.6cm

2　11.5cm × 4.0cm

3　11.5cm × 4.0cm

TRIFARI 坦焦尔（Tanjore）胸针

Tanjore，中文翻译坦焦尔，是印度朱罗王朝的都城，有着一座巨大的代表胜利的神庙。TRIFARI 的这个系列出自 20 世纪 40 年代初。丹麦王储妃玛丽经常在公众场合佩戴这枚胸针。

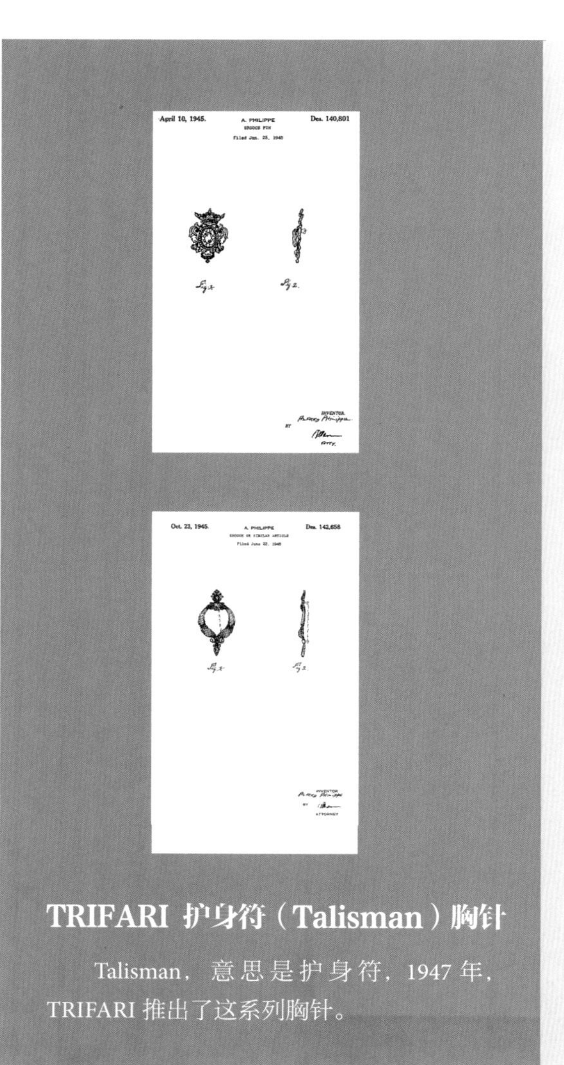

TRIFARI 护身符（Talisman）胸针

Talisman，意思是护身符，1947 年，TRIFARI 推出了这系列胸针。

I

2

3

4

*	*
名称	尺寸
坦焦尔 / 护身符胸针	1 5.4cm × 3.5cm
品牌	2 7.4cm × 3.8cm
TRIFARI	3 7.4cm × 3.8cm
年代	4 8.0cm × 3.6cm
1940s	
材质	
纯银镀金 / 月光石 抛光宝石 / 莱茵石	

1
2
3
4
5
6
7
8

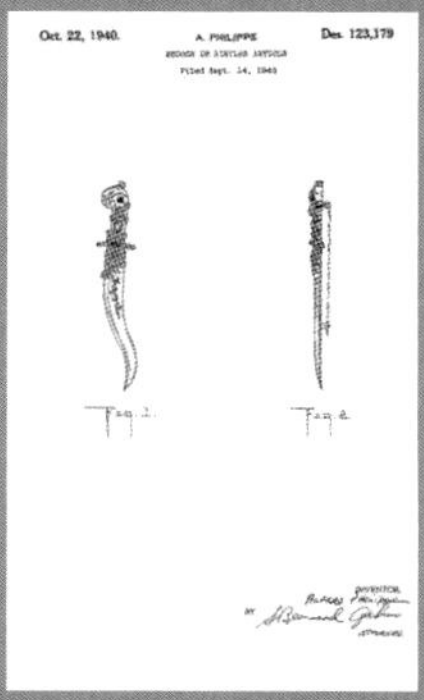

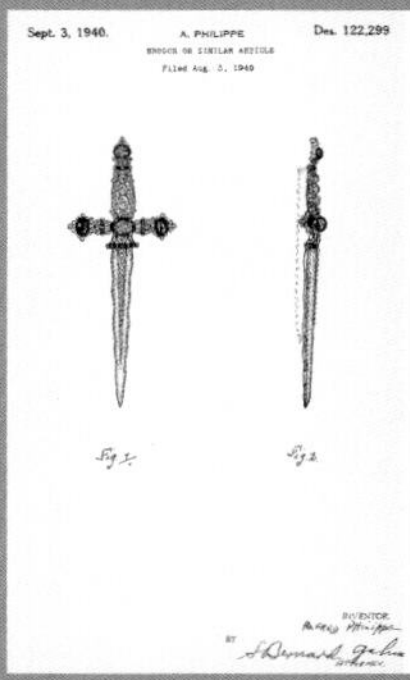

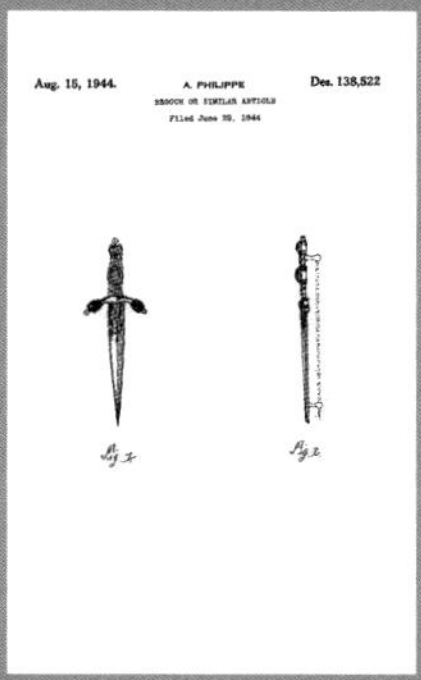

名称	尺寸	
兵器胸针	1	10.7cm × 1.9cm
品牌	2	13.8cm × 5.5cm
TRIFARI	3	12.1cm × 3.8cm
年代	4	12.5cm × 5.0cm
1940s / 1978	5	12.5cm × 5.0cm
材质	6-8	9.6cm × 3.0cm
纯银镀金 / 琉璃 / 合金		

6

this Christmas
every woman can have
the thrill of
Jewels by
TRIFARI
authentic only if stamped on
the back with the name Trifari
Across top: "Meteor" set — Earrings $7.50, Necklace $10, Bracelet $12.50. Second row: "Snowflake" pin $7.50, (smaller size $4), Earrings $5 — Rhinestone Leaf $20. Third row: Book Locket Bracelet $5, "Scheherazade" Pendant Necklace $20, "Scheherazade" Clip Pin $25, Pendant Earrings $15. Fourth Row: "Golden Twist" Necklace $10, Earrings $5, (matching bracelet $6). Tax extra.

1949 年 TRIFARI“莫卧儿”系列

灵感来源于 1526 年至 1858 年在印度建立的莫卧儿王朝。该时期以富丽堂皇的宫殿和对波斯风格的穆斯林文化艺术的支持而闻名。“莫卧儿”系列运用了 TRIFARI 的专利金属镀黄金工艺。红绿蓝三色瓜切珠和水滴形蛋面石亦富特色，是 TRIFARI 东方风情的成功作品。

名称

“莫卧儿”系列

品牌

TRIFARI

年代

1949

材质

合金镀金 / 抛光宝石 / 莱茵石

尺寸

1 8.0cm × 5.0cm
2 5.0cm × 4.0cm
3 4.9cm × 3.9cm
4 4.9cm × 5.2cm
5 2.1cm × 3.8cm
6 6.6cm × 4.6cm
7 4.5cm × 3.4cm
8 19.0cm × 5.8cm
9 17.7cm × 1.6cm

TRIFARI 的“莫卧儿”系列造型多姿多彩：公鸡、马、乌龟、大象、贵妇犬、蝴蝶、果盘……是使用永不褪色的合金打造的全套珠宝。大胆的红绿撞色，玫瑰型的切割，都源于印度珠宝。TRIFARI 最初在广告中打出的是 Scheherazade 的名字，后来大家都流行称其为“莫卧儿”，指代伊斯兰艺术兴盛的1526年至1858年的莫卧儿王朝。如今，“莫卧儿”系列已经成了 Vintage 珠宝可遇而不可求的稀世珍宝。

1 2 3 4 5 6 7

名称	尺寸
音符系列	1 8.1cm × 3.0cm
品牌	2 4.0cm × 4.0cm
TRIFARI	3 2.6cm × 2.3cm
年代	4 7.4cm × 3.6cm
1941	5 4.3cm × 4.2cm
材质	6 8.3cm × 3.7cm
纯银镀金 / 托帕石	7 8.3cm × 3.7cm

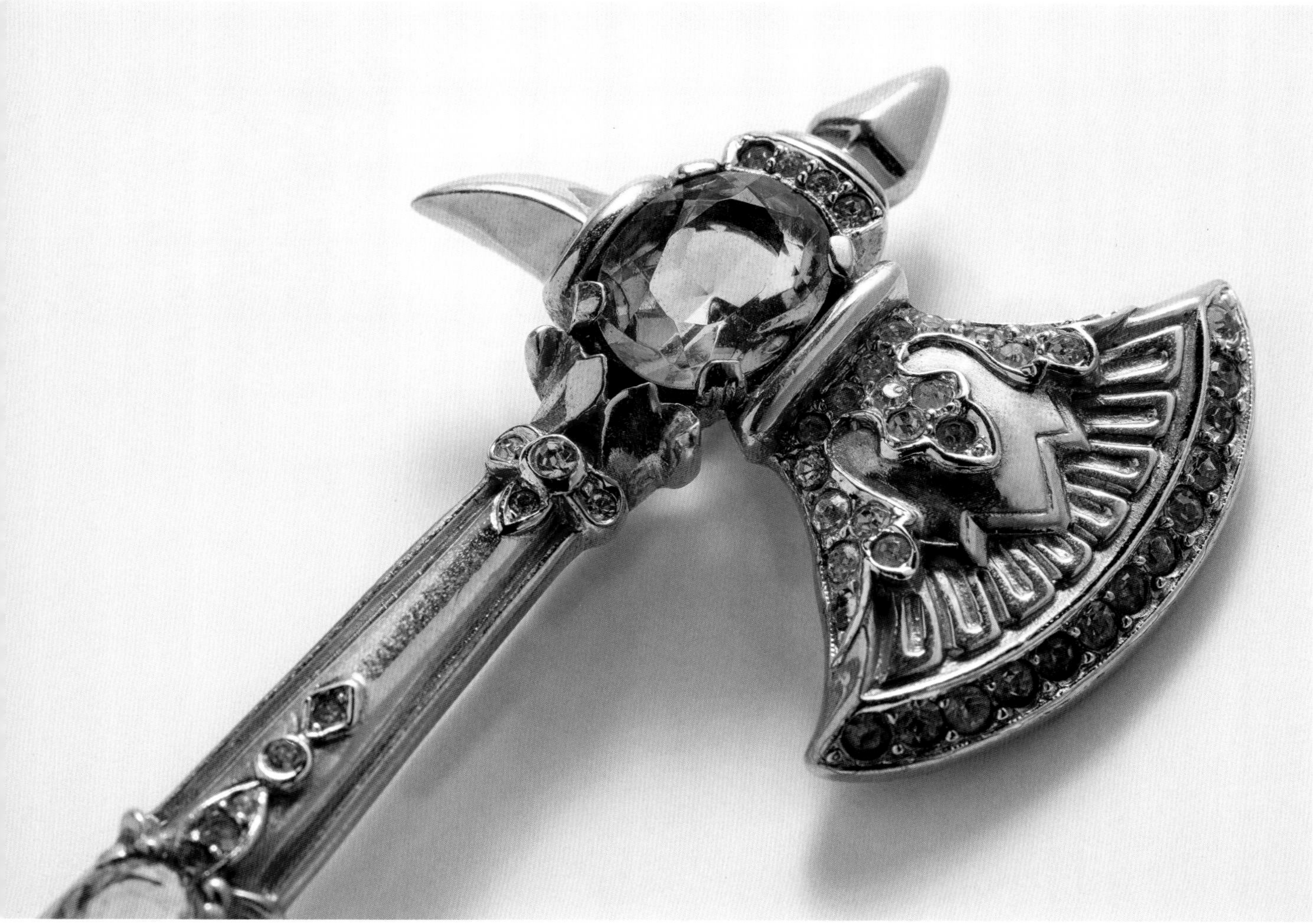

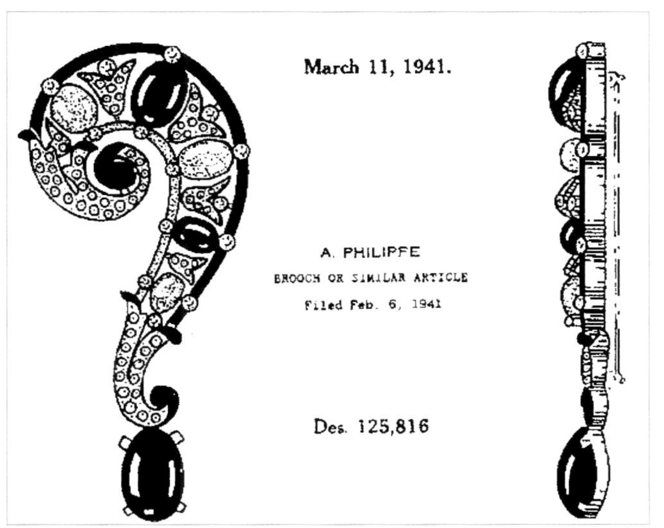

March 11, 1941.
A. PHILIPPE
BROOCH OR SIMILAR ARTICLE
Filed Feb. 6, 1941
Des. 125,816

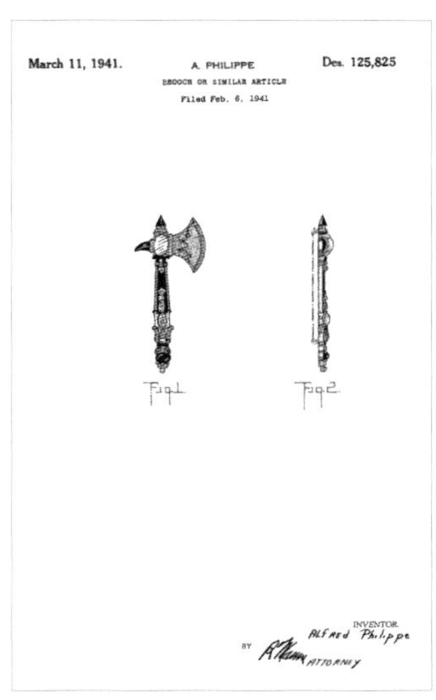

March 11, 1941.
A. PHILIPPE
Des. 125,825
BROOCH OR SIMILAR ARTICLE
Filed Feb. 6, 1941
Fig 1
Fig 2
INVENTOR.
Alfred Philippe
BY
ATTORNEY

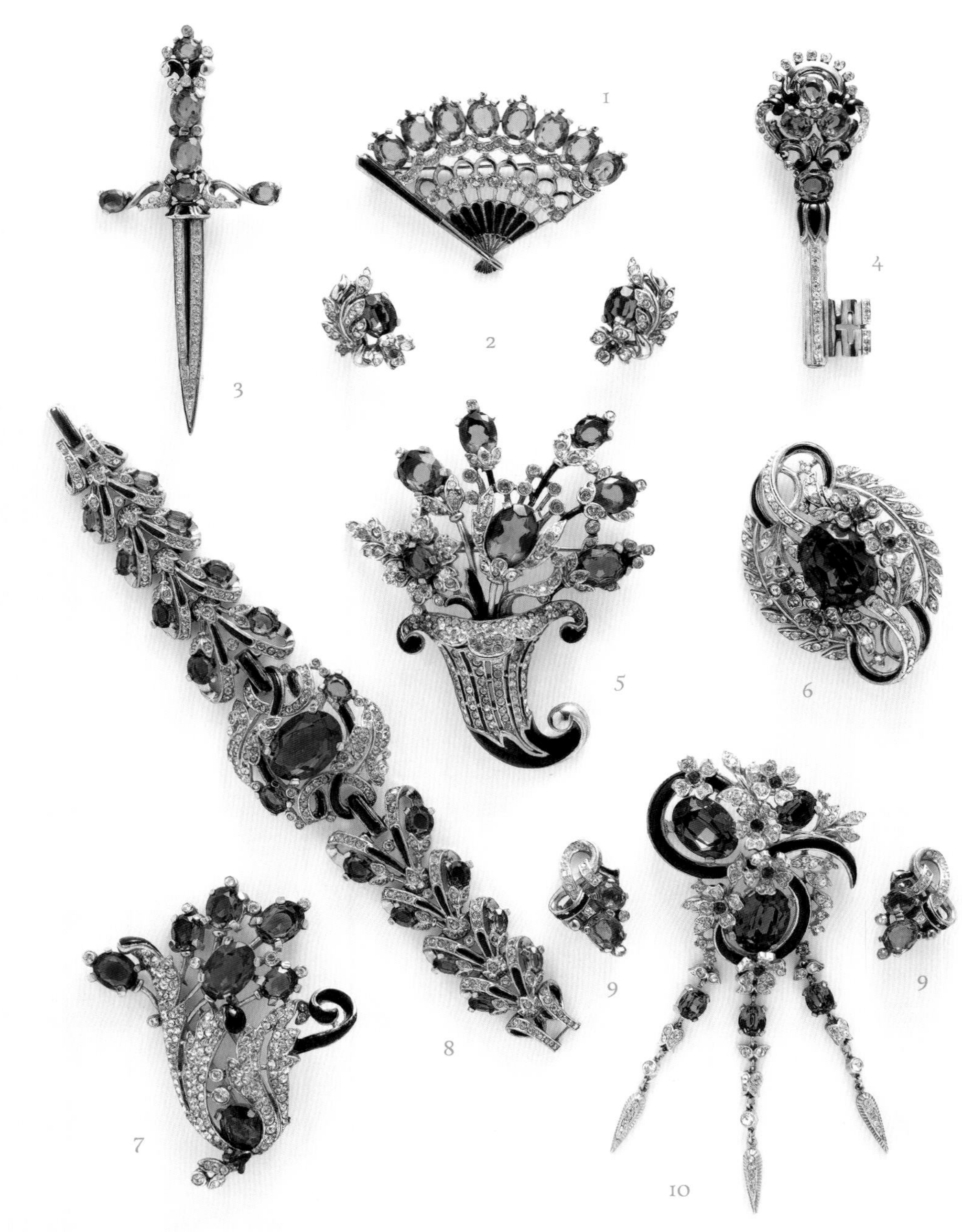

名称

尤金妮皇后系列（绿色）

品牌

TRIFARI

年代

1949

材质

合金 / 珐琅 / 托帕石

尺寸

1	4.0cm × 6.0cm	7	7.0cm × 5.6cm
2	2.1cm × 1.5cm	8	17cm × 3.4cm
3	9.0cm × 4.0cm	9	3.0cm × 1.5cm
4	7.0cm × 2.1cm	10	5.0cm × 3.0cm
5	8.0cm × 7.0cm		
6	6.0cm × 4.2cm		

*

名称

尤金妮皇后系列（紫色）

品牌

TRIFARI

年代

1949

材质

合金 / 珐琅 / 托帕石

*

尺寸

1　6.0cm × 3.8cm

2　5.4cm × 4.6cm

3　7.0cm × 6.0cm

4　8.0cm × 6.5cm

5　6.8cm × 4.5cm

6　6.0cm × 4.3cm

7　7.3cm × 5.8cm

8　5.2cm × 3.5cm

9　6.2cm × 3.8cm

*

名称

尤金妮皇后系列（蓝色）

品牌

TRIFARI

年代

1949

材质

合金 / 珐琅 / 托帕石

*

尺寸

1　7.2cm × 6.0cm

2　5.5cm × 4.5cm

3　3.0cm × 1.6cm

4　8.0cm × 5.0cm

5　9.1cm × 4.0cm

6　4.0cm × 5.9cm

7　5.9cm × 4.0cm

8　7.1cm × 2.6cm

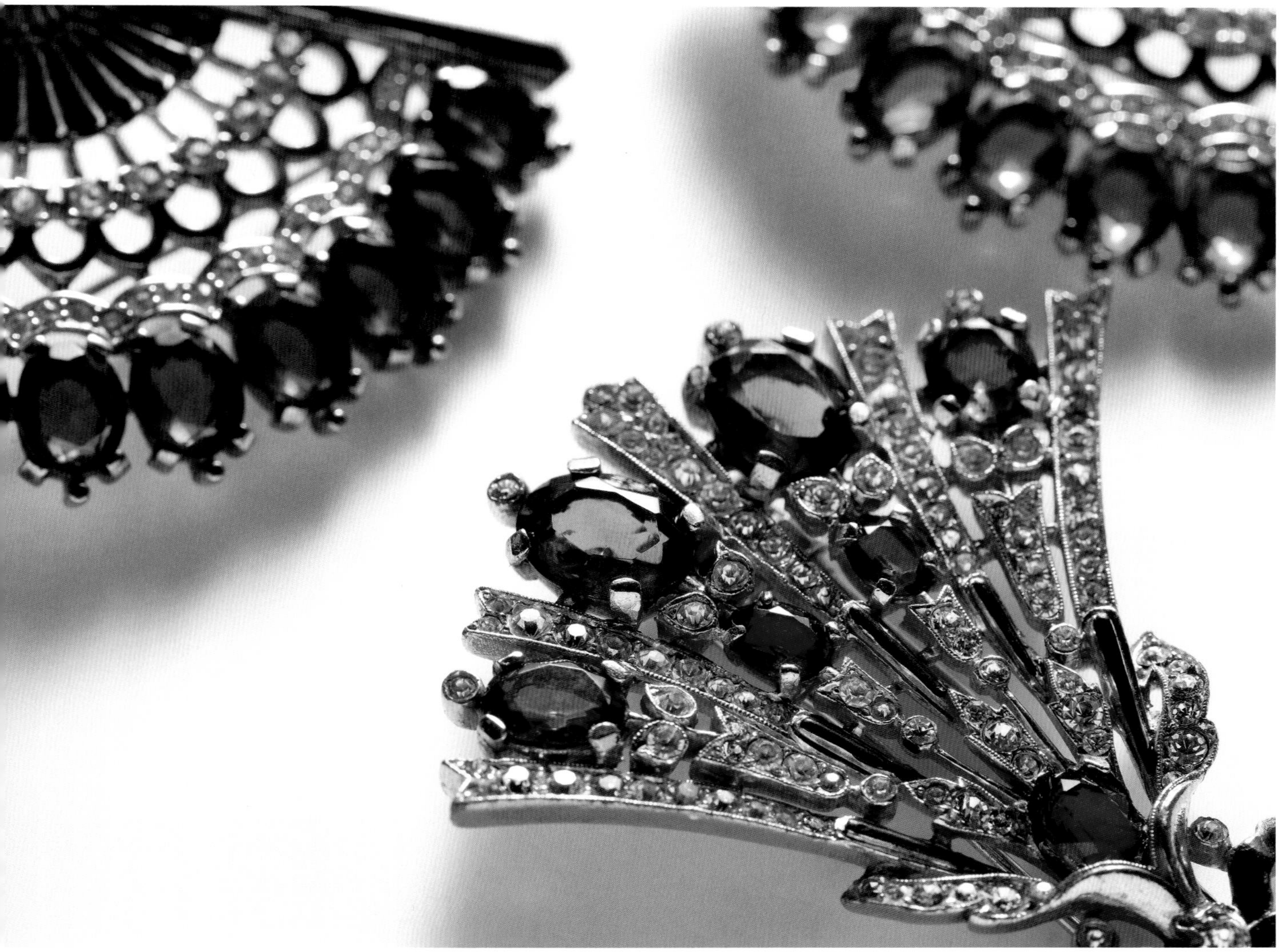

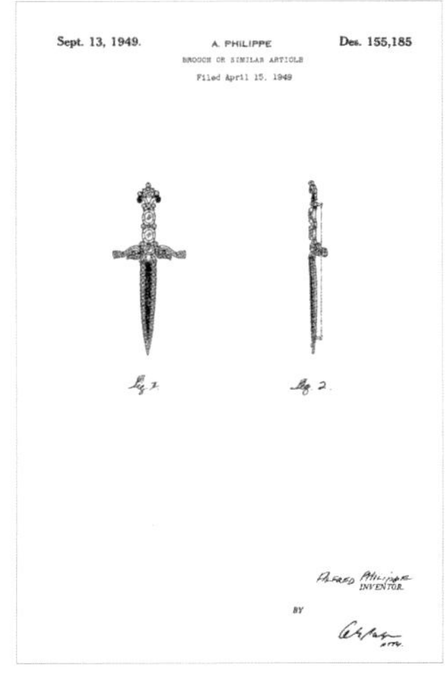

Sept. 13, 1949.
A. PHILIPPE
Des. 155,185
BROOCH OR SIMILAR ARTICLE
Filed April 15, 1949
INVENTOR.
BY

Sept. 13, 1949.
A. PHILIPPE
Des. 155,187
BROOCH OR SIMILAR ARTICLE
Filed April 15, 1949
INVENTOR.
BY

Long & Field
In a word . . . they're fascinating!
FONTAINEBLEAU
Pins and Earrings by TRIFARI
What lively, light-hearted jewels!
They're designed to capture fascinated
glances wherever you go. Pin the flirtatious fan
to every dress . . . poise the enchanting butterfly
on wool, or silk, or velvet . . . give any belt
or scarf the daring accent of the dagger . . .
open new doors to costume chic with the magic key.
In golden Trifanium, richly set with
fabulous stones that look like emeralds, rubies,
sapphires, or other rare gems, these delightful Pins by
Trifari are "In the Foreground of Fashion."
Wear them with complementary earrings.

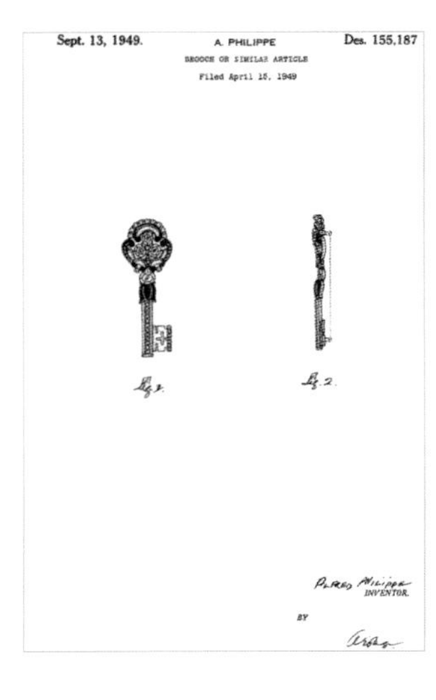

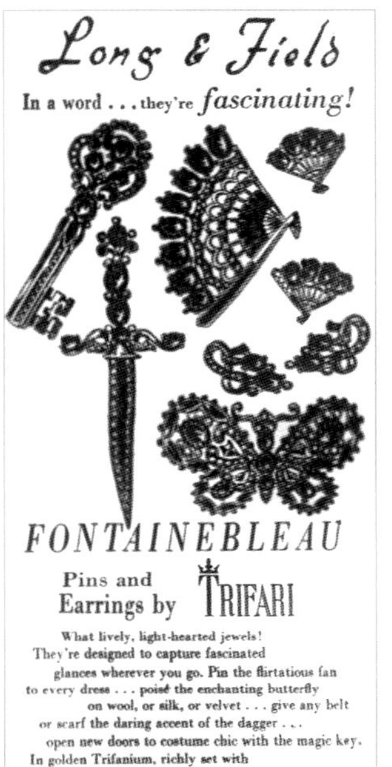

A Glittering Galaxy of Jewels by Coro
Shedding the loveliest light on fashion . . . Coro's sparkling conversation pieces. Gold finish on sterling, with gleaming, gem colored, simulated stones. At leading stores everywhere.
Coro
CRAFT
Masterpieces of Fashion Jewelry
igns patented
Coro INC. NEW YORK • CHICAGO • LOS ANGELES • SAN FRANCISCO • TORONTO • LONDON

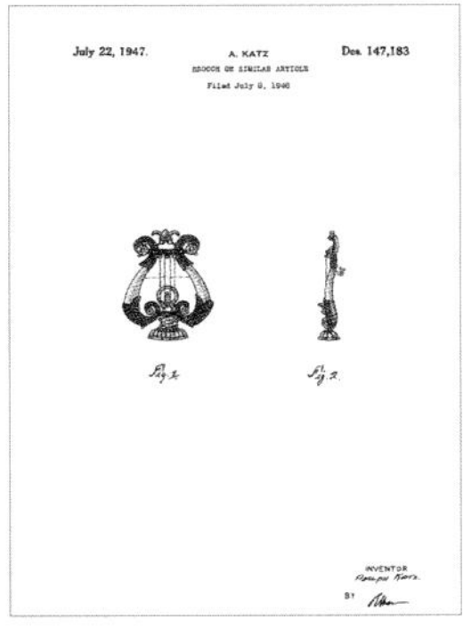
July 22, 1947.　　A. KATZ　　Des. 147,183

BROOCH OR SIMILAR ARTICLE

Filed July 6, 1946

名称	尺寸
交响音乐会系列	1　8.0cm ×2.6cm
品牌	2　7.0cm×4.5cm
CORO	3　4.4cm ×4.2cm
年代	4　6.2cm ×4.8cm
1947	5　钥匙 7.2cm×2.6cm
材质	锁 3.4cm×2.7cm
纯银镀金	链 24.0cm

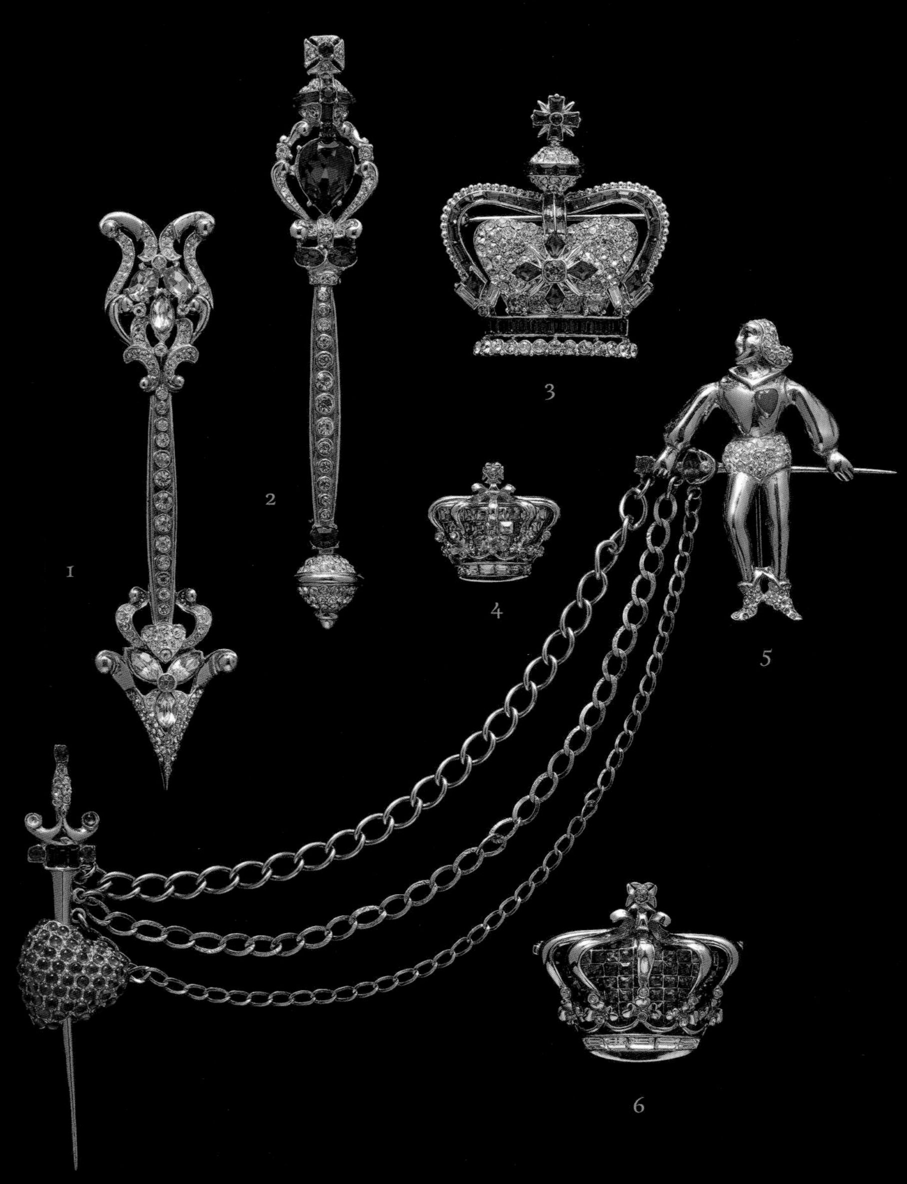

*

名称

宫廷系列

品牌

CORO

年代

1940s—1950s

材质

纯银镀金 / 莱茵石

*

尺寸

1 11.7cm×3.0cm
2 12.2cm×2.2cm
3 5.5cm×4.5cm
4 2.5cm×2.5cm
5 剑 8.6cm×2.5cm
人 6.1cm×5.0cm
链 15.2cm
6 3.3cm×4.0cm
7 9.0cm×3.6cm
8 6.5cm×5.0cm
9 5.0cm×3.5cm

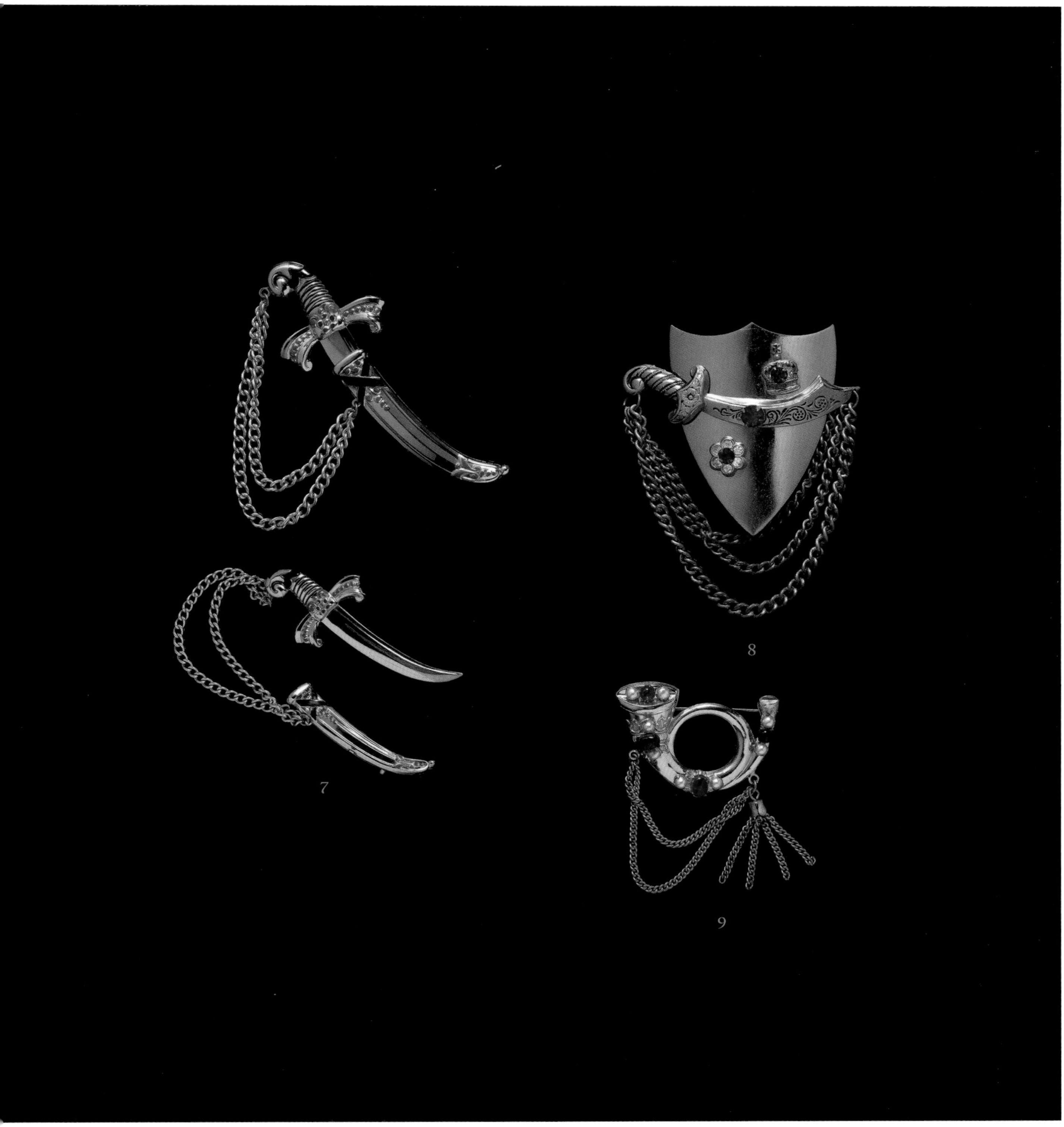

7
8
9

Masterpieces of Fashion Jewelry
Chatelaines
Coro
CRAFT

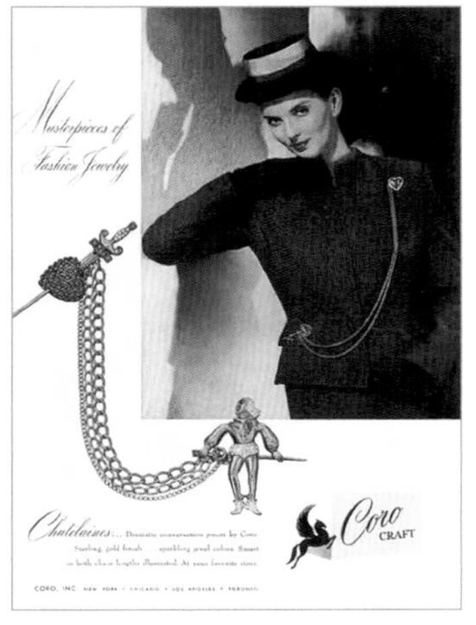

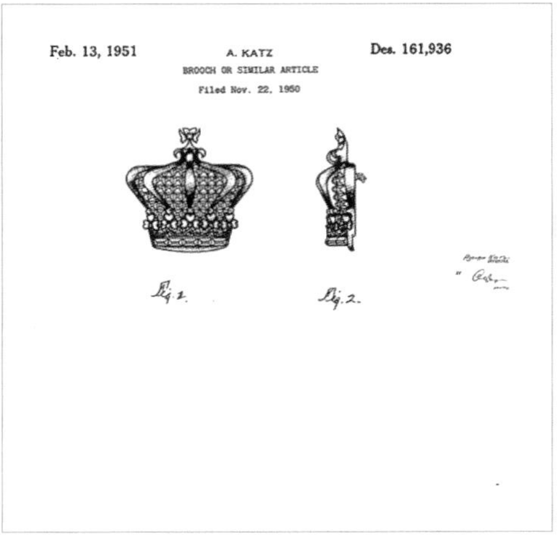

Feb. 13, 1951
A. KATZ
Des. 161,936
BROOCH OR SIMILAR ARTICLE
Filed Nov. 22, 1950

名称
波斯骑士胸针
品牌
CORO
年代
1944

材质
纯银镀金 / 珐琅
尺寸
8.5cm × 6.5cm

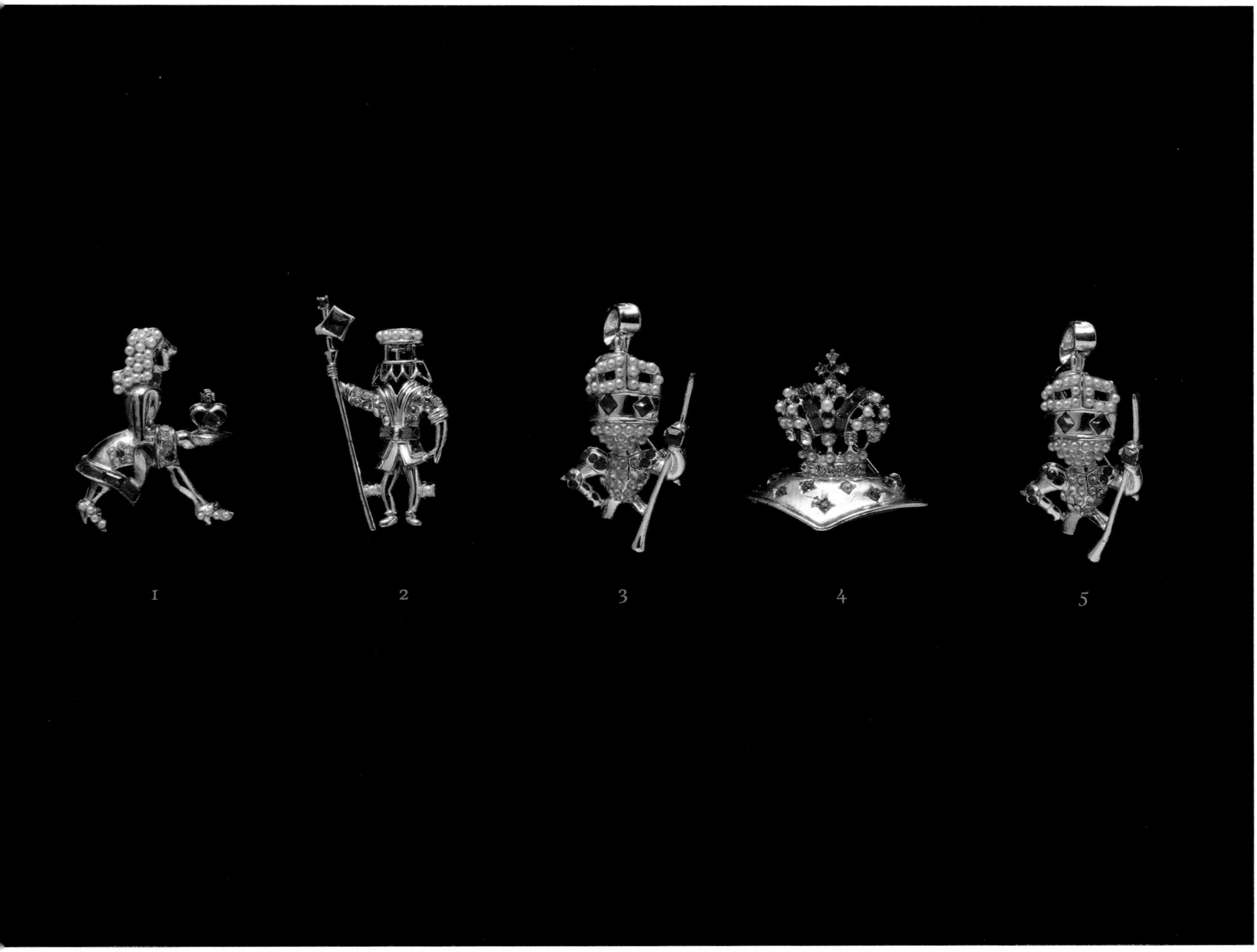

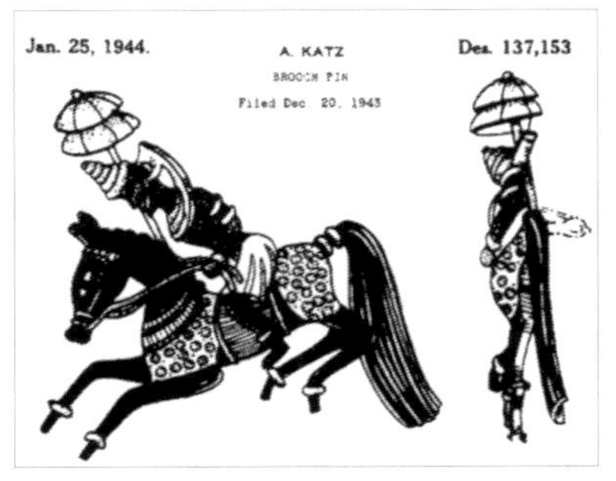

名称
迷你宫廷士兵胸针
品牌
CORO
年代
1940s
材质
纯银镀金

尺寸
1 4.1cm×3.0cm
2 5.0cm×2.1cm
3 5.1cm×2.1cm
4 4.1cm×3.7cm
5 5.1cm×2.1cm

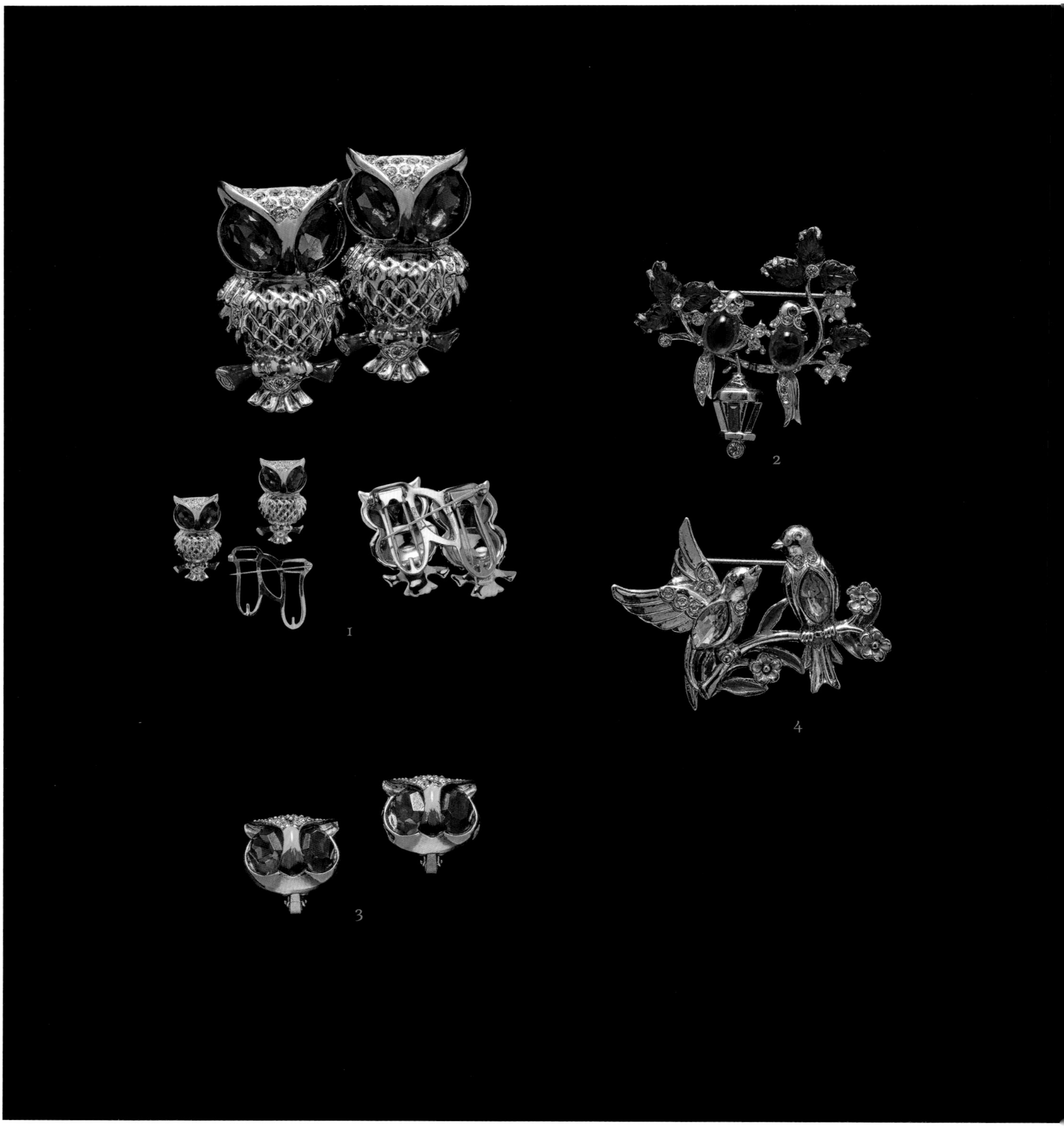

*

名称

猫头鹰双夹 & 双鸟胸针

品牌

CORO

年代

1940s
（1944 / 1947）

材质

纯银镀金 / 琉璃

尺寸

1　4.8cm×4.8cm

2　4.3cm×4.4cm

3　1.5cm×2.0cm

4　3.6cm×5.0cm

名称

珐琅鸟系列

品牌

CORO

年代

1940s—1950s

材质

纯银镀金 / 珐琅 / 莱茵石

尺寸

1 6.1cm×3.2cm

2 6.1cm×5.9cm

3 4.4cm×7.4cm

4 6.8cm×8.5cm

PENNINO

1927 年，来自意大利金匠贵族家庭的三兄弟在纽约成立了珠宝公司 PENNINO BROTHERS。他们雇佣了来自自己家乡的工匠，采用上乘奥地利水钻等优质材料，打造出独有的意大利传统风格珠宝。三兄弟在家乡被称为“那不勒斯王子”，他们有着贵族的谈吐和举止，也的确流淌着一小部分王室血液。

1904 年，16 岁的长兄奥列斯特（Oreste）跟随父亲帕斯奎尔（Pasquale）来到美国，学习珠宝知识、技能和艺术。1908 年，帕斯奎尔去世。1926 年，奥列斯特以自己的名字注册公司。第二年，三兄弟共同注册公司 PENNINO BROTHERS。奥列斯特担任设计师，弗兰克（Frank）是首席工匠，杰克（Jack）负责销售和市场营销。

PENNINO 做工考究，经常采用镀铑、镀金工艺，或者足银和14K 镀金设计，选用上乘的莱茵石镶嵌。PENNINO 倾向于使用抽象的设计和曲线，最受喜爱的图案有弓形、花卉和卷轴等。20 世纪 30 至 40 年代，PENNINO 凭借着精湛的意大利匠人工艺将公司带入了大繁荣的顶峰，尤其是鸡尾酒风格珠宝备受青睐。

1960 年，弗兰克开始失明，遗憾的是，整个家族里已经没有人能继承他们的珠宝事业。六年后，随着弗兰克彻底失明，公司宣告停产，原有的模具也被一并销毁。如今，PENNINO 产品的存量极少，甚至在 vintage 市场一枚难求。

*
名称
花卉胸针
品牌
PENNINO
年代
1930s—1940s
材质
银镀铑 / 银镀金
琉璃 / 莱茵石

*
尺寸
1 7.0cm × 5.3cm
2 7.9cm × 5.2cm
3 2.0cm × 2.0cm
4 7.2cm × 6.5cm
5 8.4cm × 4.4cm

1 2 3 4 5 6

*

名称

花卉胸针

品牌

PENNINO

年代

1930s—1940s

材质

银镀铑 / 银镀金

琉璃 / 莱茵石

*

尺寸

1 7.8cm × 7.5cm

2 7.5cm × 4.3cm

3 6.7cm × 7.1cm

4 8.0cm × 5.4cm

5 7.5cm × 3.9cm

6 4.9cm × 5.8cm

密镶心花 1950s
Elegant Bloom

50 年代，第二次世界大战的阴霾逐渐褪去。被战争的硝烟和物资的缺乏所压抑的时尚和女性的爱美之心，开始反弹式释放。在历经黑暗之后，人们对自我的找寻以及对美好生活的渴望，造就了时尚史上最经典、最优雅的十年。

欧洲各国在第二次世界大战期间几乎耗尽了全部的外汇储备。凭借着马歇尔计划带来的援助，这也是当时欧洲国家从国外进口商品的唯一外汇来源，大量的欧洲订单涌入美国，使美国成为“世界工厂”，在 50 年代可谓名副其实的工业强国。

也是在 50 年代，随着原材料逐渐恢复供应和新面料的研发，在一大批设计师的努力下，时装界迎来了春天。

时装有了更多样的尝试。设计师和艺术家让高级、典雅的审美成为主流，对一切事物在实用性之外都有了更高的追求。精致的小洋装、套装将女性性感的曲线淋漓尽致地展现出来。与此同时，由克里斯汀·迪奥（Christian Dior）引领的“新风貌”（New Look）完整地吹入了 50 年代。娇俏、华丽、优雅的贵妇装扮风靡欧美时装圈。

时尚珠宝和服装品牌迫切地渴望优雅和端庄，成衣公司仿效高级时装制作的平价服饰更是令时尚在普通人中间快速发酵。时装珠宝行业与时俱进，降低成本，批量生产，但因为大牌设计师的坐镇和手工匠人的坚守，这一时期的时装珠宝依然极具水准。

直至越南战争爆发前的十多年间，美国经济空前繁荣。“只靠一个人就能养活整个家庭，享受舒适生活”的中产阶级梦想得以实现。独立自信的女性开始努力追求自我，打造美好的生活。这一时期成为人们口中最美好的“黄金时代”。

1950s

*

名称

海报款冠冕

品牌

KRAMER

年代

1950s

材质

合金 / 莱茵石 / 琉璃

尺寸

1.4cm × 13.4cm × 4.7cm

KRAMER

1943 年，设计师出身的路易斯·克莱默（Louis Kramer）和他的两兄弟莫里斯（Morris）和亨利（Henry）在纽约成立珠宝公司，50 年代初收到来自 DIOR 的珠宝设计委托。克莱默偏爱抽象图案，他设计的几何图案珠宝尤其受欢迎。闪耀华丽的通透色泽，高品质的彩色奥地利水晶，一丝不苟的工艺，让 KRAMER 看起来生气勃勃。该公司于 1980 年停止运营。

THE DIAMOND LOOK BY
KRAMER

名称

海报套组

品牌

KRAMER

年代

1950s

材质

合金 / 莱茵石 / 琉璃

尺寸

1 5.2cm × 2.7cm

2 7.0cm × 6.0cm

3 38.0cm × 3.5cm

4 3.0cm × 18.2cm

*

名称

海报套组（蓝）

品牌

KRAMER

年代

1950s

材质

合金 / 莱茵石 / 琉璃

*

尺寸

1　8.0cm × 2.0cm

2　6.0cm × 5.6cm

3　17.0cm × 12.ocm

1

2

3

*
名称
马眼石胸针
品牌
KRAMER
年代
1950s
材质
合金 / 莱茵石

*
尺寸
1 9.5cm × 5.5cm
2 5.7cm × 5.7cm
3 7.5cm × 4.7cm

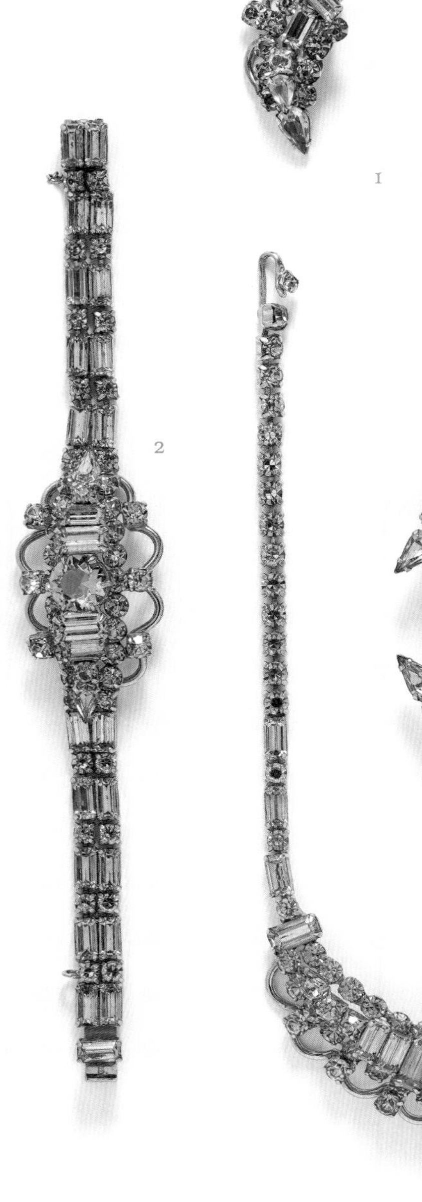

名称
“亚历山大”变色石套组
品牌
KRAMER
年代
1950s
材质
合金 / 水晶

尺寸
1 3.1cm × 1.9cm
2 18.6cm × 2.6cm
3 5.7cm × 4.6cm
4 9.3cm × 22.5cm

KRAMER在20世纪50年代出品的“亚历山大”系列，用仿莱茵石搭配切面水晶，最显著的特点是变色：暖光源下呈现紫色，冷光源下为蓝色。

"Flaming" Stole by Maximilian
"the Diamond Look"®
OF NIGHT
Fleur Mist
Twinkling dew with a spray of golden filigree leaves — catching all the secret fire and light of a thousand shimmering auroras. In shades of mauve, white, blue and yellow — from $3 to $10 plus tax. At fine stores everywhere, or write Kramer jewelry 393 Fifth Ave., New York for store nearest you.
The Diamond Look by
KRAM
THE DIAMOND LOOK BY
KRAMER
NEW YORK LOS ANGELES DALLAS PARIS
...lovely iridescent stones distilled from a century of flaming sunsets...
captured by Kramer with cascades of crystal dewdrops. Pins $5.00, earrings $3.00 — plus tax.
At fine stores everywhere, or write Kramer Jewelry, 393 Fifth Avenue, New York for name of store nearest you.
they were real...'
The diamond look® by
KRAMER
NEW YORK, LOS ANGELES, PARIS
shading from navy to azure.
Also available in crystal
and Benedictine. $5.00 to $15.00

*

名称

颤抖的花枝（可拆卸）

品牌

DIOR（by KRAMER）

年代

1950s

材质

合金 / 莱茵石

*

尺寸

1　17.5cm × 5.5cm

2　8.5cm × 6.0cm

CHRISTIAN DIOR

1905—1957

DIOR

克里斯汀·迪奥（Christian Dior，1905—1957）出生于法国诺曼底海岸的贵族家庭，1910年，举家移居巴黎。在浓厚的艺术氛围中浸润长大的迪奥一心想从事艺术事业，但最终屈从于父母的期望，考取了巴黎政治学院——法国社会精英的摇篮。由于家道中落，这位学霸不得不以绘画和设计服装草图维持生计。

1946 年，迪奥在机缘巧合下认识了当时的纺织业巨头、法国首富马塞尔·布萨克（Marcel Boussac），并获得其资助，开设了属于自己的时装屋。1947 年 2 月 12 日，迪奥首次举办了高级时装展。

迪奥先生毕生的梦想很简单，那就是“把女性从天然的状态中拯救出来”。急速收起的腰身，长及小腿的裙子，黑色毛料点缀以细致的褶皱，修饰精巧的肩线——这一设计风格被美国《时尚芭莎》杂志的天才主编卡梅尔·斯诺（Carmel Snow）称为“新风貌”（New Look）。

随后，以“Miss Dior”命名的第一瓶香水问世。紧接着，迪奥开始涉猎帽子、鞋子、皮件和珠宝。最开始，迪奥珠宝只是走私人定制的路线，客户包括玛丽莲·梦露，1948 年以后开始尝试批量生产。迪奥先生坚称：“只有最高端的时装珠宝才能匹配迪奥的服装。”迪奥的珠宝和时装一样，是自然主义与浪漫主义的结合。他从小就喜欢花，因此花卉成为迪奥珠宝中极为常见的元素。

1957 年，迪奥前往意大利温泉小镇蒙特卡蒂尼度假，突然去世。作为史上首位时装设计师，迪奥和他著名的左手剪刀一起登上了《时代》杂志的封面。

迪奥珠宝的荣光离不开其顶级的合作伙伴。他们选择最有才华的设计师以及顶级的工厂进行合作，包括美国的 HENRY SCHREINER（40 年代末）、KRAMER（50 年代初），英国的 MITCHELL MAER（1952—1956），德国的 HENKEL & GROSSÉ，以及法国的 GRIPOIX 和 ROBERT GOOSSENS（这两个品牌也是 CHANEL 的合作商）。

CHANEL

可可・香奈儿（Coco Chanel，原名 Gabrielle Bonheur Chanel，1883—1971），生于法国的一个贫困家庭。12 岁被送去孤儿院，习得一手针线技巧。18 岁那年，凭着这一技之长，她白天在服装店当裁缝，晚上在咖啡厅兼职唱歌跳舞。Coco 的艺名也正是从这段经历中得来。

在朋友的资助下，1910 年，可可・香奈儿开设了一家女帽店，从一顶帽子建立起了她的时装王国。1924 年，她推出了第一个"时装珠宝"系列。她曾坦言："我喜欢假珠宝是因为它代表一种挑衅。"香奈儿最核心的竞争力无疑是来自旗下的十二家高级手工作坊。从高级鞋履到衣服上的每粒纽扣都来自于香奈儿背后名不见经传的手工匠人，而珠宝系列也有专门的手工作坊为其服务。1971 年，88 岁的可可・香奈儿去世。从一无所有到缔造时尚帝国，这是一位为自由而生的女性，一生无所拘束，她只做自己。

*

名称

山茶花胸针

品牌

CHANEL

年代

1950s

材质

合金镀金 / 琉璃

尺寸

4.7cm × 3.5cm

GRIPOIX

GRIPOIX，堪称让 CHANEL 玩转“真假珠宝混用”近百年的秘密武器。这是一个 1869 年在巴黎创立，经过四代人 150 年孜孜不倦的努力，仍然保持小规模生产的手工珠宝制作工坊。

创始人奥古斯汀·格里普瓦（Augustine Gripoix）和香奈儿女士相识于 20 世纪中期，当时世界笼罩在大萧条的阴霾下，奥古斯汀·格里普瓦想到了将琉璃运用于时装珠宝，这和香奈儿女士的想法不谋而合。搪瓷着色技术与铸造玻璃完美结合，浇灌在错综复杂的金属配件上，让宝石、水晶、甚至是珍珠都散发着自然的光泽，于是造就了这个全世界最出名的彩色琉璃首饰品牌之一。在合作了几十年后，2004 年双方终止合作。由于财务纠纷等问题，GRIPOIX 原品牌被收购。第四代接班人重新注册品牌 AUGUSTINE，继续生产同类产品。

名称
孔雀胸针 / 琉璃项链 / 山茶花胸针

品牌
GRIPOIX / AUGUSTINE

年代
1950s—2000s

材质
合金 / 琉璃

尺寸
1 12.0cm × 9.5cm
2 66.0cm × 1.0cm
3 5.0cm × 5.0cm
4 5.0cm × 5.0cm
5 5.5cm × 5.5cm

1
2
3
4
5
6
7

*
名称
“婴儿乳牙”系列
品牌
TRIFARI
年代
1950s
材质
合金镀金 / 仿珍珠

*
尺寸
1 2.6cm × 2.2cm
2 38.7cm × 8.0cm
3 7.6cm × 4.3cm
4 4.1cm × 4.1cm
5 4.4cm × 4.4cm
6 7.2cm × 2.8cm
7 1.5cm × 18.3cm

50 年代末 60 年代初，用仿珍珠打造的婴儿乳牙系列，每一颗珍珠宛如一枚稚嫩而珍贵的乳牙，经过雾面处理的珍珠尤为温婉，为了不夺珍珠的光芒，以灰色哑光莱茵石加以点缀，搭配合金镀金，香槟色的刷金外表不夺珍珠的光芒。80 年代，被易主的 TRIFARI 曾试图对这一经典款进行复刻。

Jewels by
TRIFARI

*

名称

大树叶套组

品牌

TRIFARI

年代

1958

材质

合金镀金 / 仿珍珠

*

尺寸

1 4.6cm ×5.7cm

2 2.0cm×2.4cm

3 8.8cm×7.2cm

4 3.1cm ×2.1cm

5 9.3cm ×4.4cm

6 9.3cm×6.6cm

7 3.0cm×2.7cm

1

2

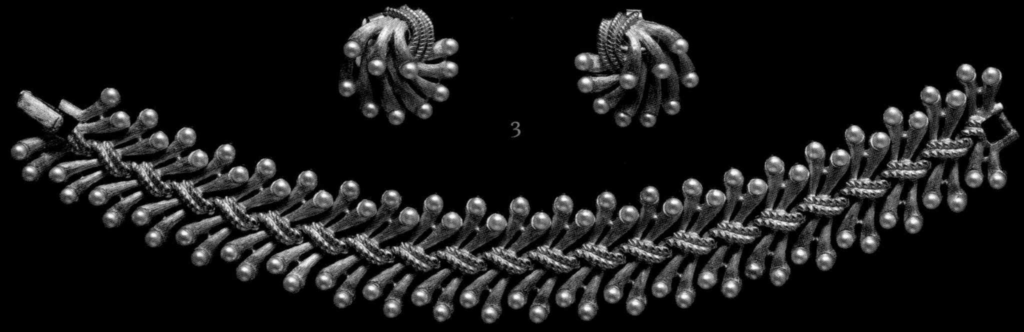

3

4

名称

珍珠编织套组

品牌

TRIFARI

年代

1950s

材质

合金镀金 / 仿珍珠

尺寸

1 5.9cm × 3.4cm

2 1.4cm × 32.8cm

3 2.3cm × 2.0cm

4 2.1cm × 8.4cm

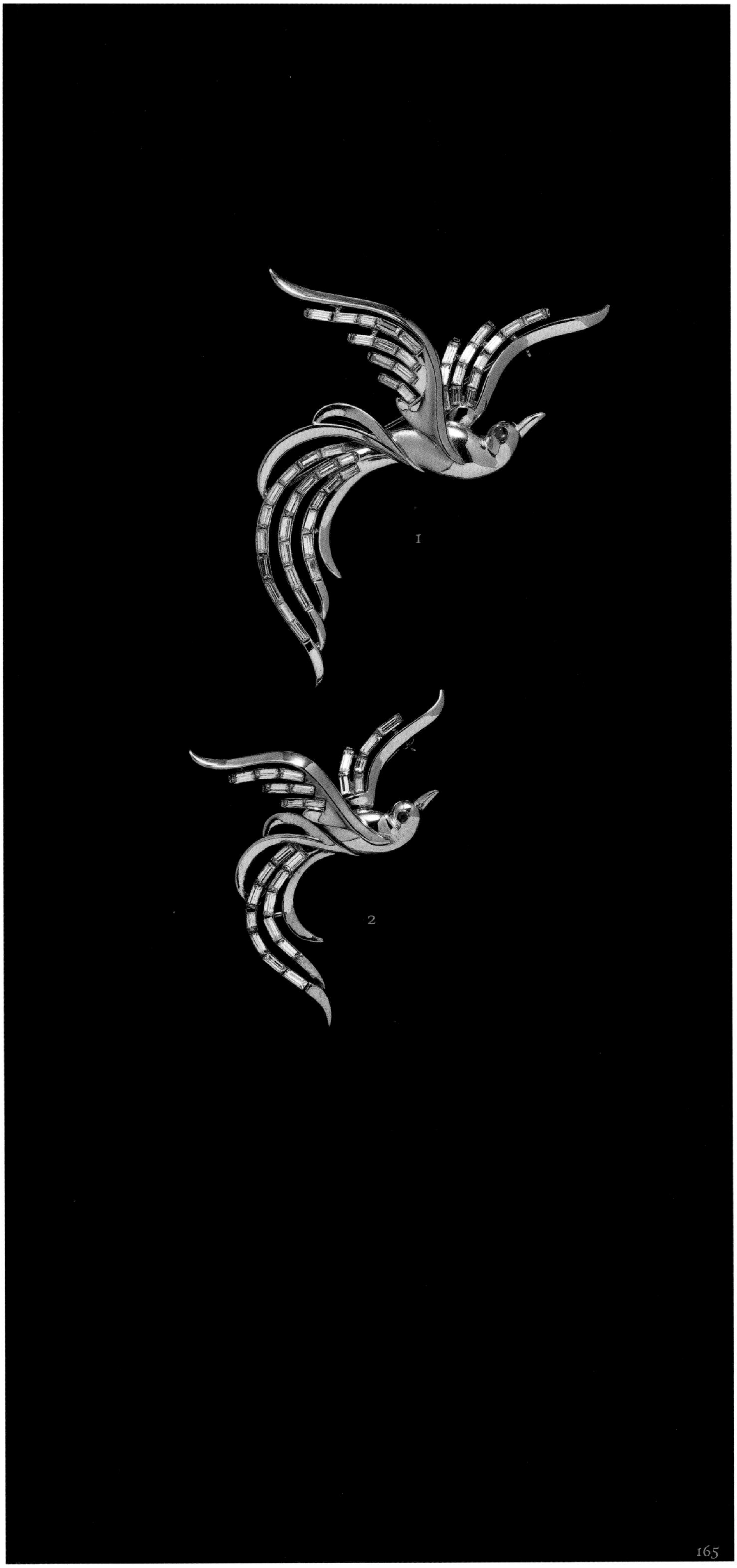

*

名称

金百灵

品牌

TRIFARI

年代

1951

材质

纯银镀金

尺寸

1 9.6cm × 6.5cm

2 7.0cm × 4.6cm

*

名称

节日海报套组

品牌

TRIFARI

年代

1959

材质

合金镀金

*

尺寸

1	6.6cm×4.4cm
2	6.8cm×5.0cm
3	2.6cm×2.1cm
4	6.9cm×5.4cm
5	5.0cm×4.4cm
6	6.5cm×5.6cm
7	5.5cm×3.0cm
8	3.8cm×5.0cm
9	5.4cm×4.3cm
10	2.3cm×2.5cm

名称
石榴海报套组

品牌
TRIFARI

年代
1959

材质
纯银镀金

尺寸
1 5.0cm × 3.6cm
2 3.0cm × 1.6cm
3 6.4cm × 5.6cm × 3.3cm
4 17.0cm × 9.0cm

*
名称
密镶大花胸针
品牌
TRIFARI
年代
1950s
材质
合金 / 琉璃

*
尺寸
6.7cm × 7.1cm

密镶工艺，在高级珠宝中，指的是隐藏式镶嵌，工艺复杂。没有爪钩，需要将各色水晶、莱茵石等精密地嵌入沟槽内，不露出宝石斜面以及沟槽痕迹，这种工艺常用于花卉形象的首饰上。而在TRIFARI等时装珠宝中，则是将一大块宝石表面切割出细小的纹路，整块地镶嵌并粘贴在金属底座上，也不使用爪钩，精密而剔透。

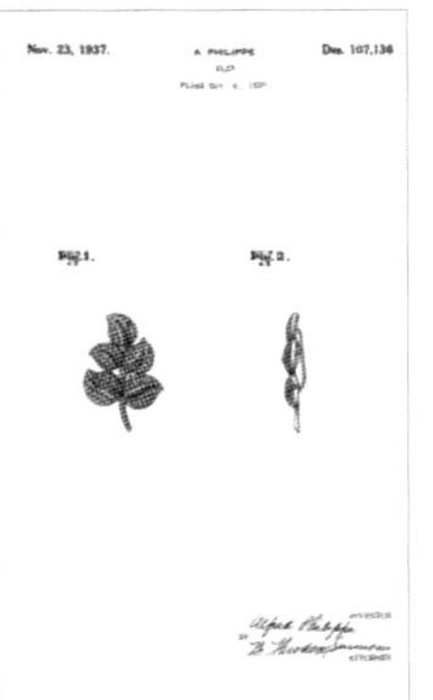
Nov. 23, 1937. A. PHILIPPE Des. 107,136

*
名称
密镶系列
品牌
TRIFARI
年代
1937—1950
材质
合金 / 琉璃

*
尺寸

1-2	6.3cm × 4.0cm
3-4	3.0cm × 2.1cm
5-7	4.8cm × 4.8cm
8-9	3.0cm × 2.1cm
10	8.0cm × 5.0cm
11	3.0cm × 2.7cm

1　　2

3

*
名称
“女王登基”系列
品牌
TRIFARI
年代
1953
材质
合金 / 莱茵石

*
尺寸

1　4.2cm ×3.8cm
2　10.4cm×2.4cm
3　2.5cm ×2.2cm
4　5.4cm ×3.8cm
5　2.6cm×1.8cm

4　5

伊丽莎白女王于 2022 年 9 月 8 日去世，享年 96 岁，她是英国在位时间最长的君主，同时也被称作是拥有珠宝最多的女性，尤其以喜爱收藏和佩戴胸针而闻名。在时装珠宝界，也有一系列胸针因她而得名。1953 年 6 月 2 日，英国伊丽莎白二世女王身着盛装加冕，头戴帝国皇冠，一手持权杖，一手捧宝珠。TRIFARI 利用这个巨大新闻在全球掀起的热潮，适时推出“女王登基”系列胸针，由阿尔弗雷德亲自设计，以女王的皇冠、宝珠、权杖作为主题设计，受到许多时尚人士的追捧。这系列运用 TRIFARI“永不褪色的合金”专利技术，加上逼真的仿祖母绿等宝石的琉璃设计，成为经久不衰的经典之作。

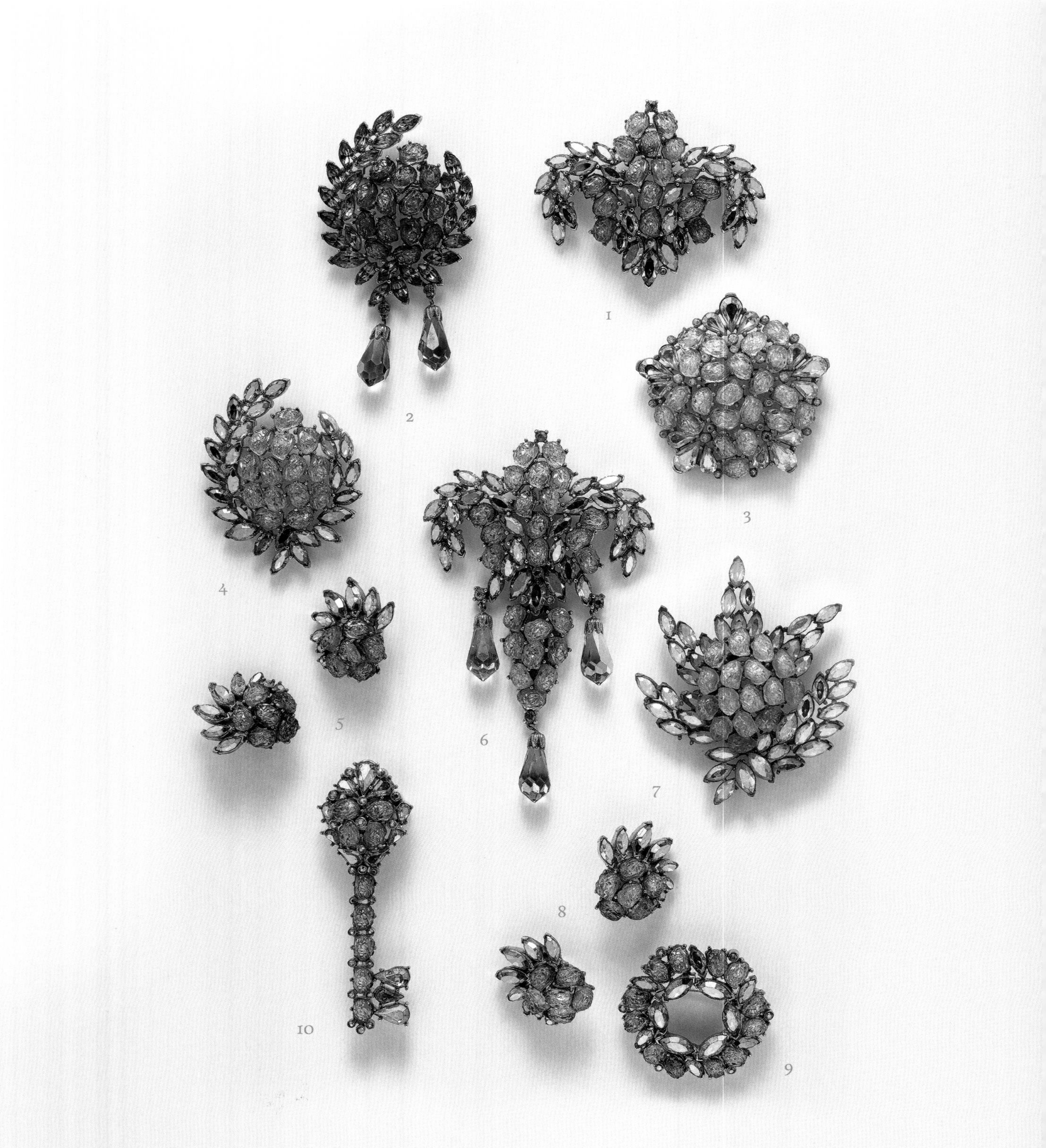

名称

“熔岩”系列

品牌

TRIFARI

年代

1950s—1960s

材质

合金 / 水晶（变色涂层）

尺寸

1 5.3cm × 6.5cm

2 7.8cm × 4.5cm

3 5.5cm × 5.0cm

4 5.8cm × 4.5cm

5 3.0cm × 2.5cm

6 10.2cm × 6.5cm

7 6.8cm × 6.0cm

8 3.0cm × 2.5cm

9 4.1cm × 4.0cm

10 8.0cm × 2.8cm

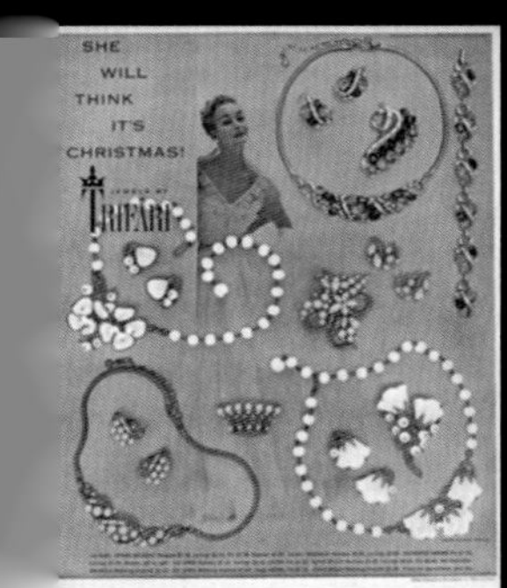

名称
牛奶花海报组
品牌
TRIFARI
年代
1950s
材质
合金镀金 / 白色琉璃

尺寸
1 5.5cm × 5.5cm
2 4.0cm × 3.5cm
3 2.9cm × 3.2cm
4 5.8cm × 3.9cm
5 36cm × 4.4cm

名称
贝母系列

品牌
TRIFARI

年代
1957

材质
合金镀金 / 仿贝母

尺寸

1 5.0cm × 3.7cm
2 6.2cm × 2.4cm
3 5.7cm × 3.9cm
4 3.4cm × 2.8cm
5 6.5cm × 5.0cm
6 5.9cm × 4.7cm
7 3.4cm × 2.9cm
8 3.0cm × 2.1cm
9 5.4cm × 2.8cm

©1957 TRIFARI
she can't see a thing but FANTASIA by TRIFARI
ONE TOUCH OF WHIMSY! Precious pets to caper on a collar... light on a lapel... scintillate on a sleeve. Starring the new pearl-like jewel made from the iridescent shell of the oyster... set exquisitely in rich, delicately textured Trifanium, enriched with fabulous fake black diamonds. Pins from 5.00 to 10.00 each. In the same beautiful mood—Heart Pendant Necklace, 7.50; Collar, 50.00; Bracelet, 25.00; Earrings, 7.50. Prices plus tax.
Not authentic unless stamped Trifari. Jewelry designs copyrighted.
DRESS BY PAT PREMO

名称
果冻心形胸针
品牌
TRIFARI
年代
1952

材质
合金镀金 / 树脂 / 莱茵石
尺寸
5.5cm × 4.5cm

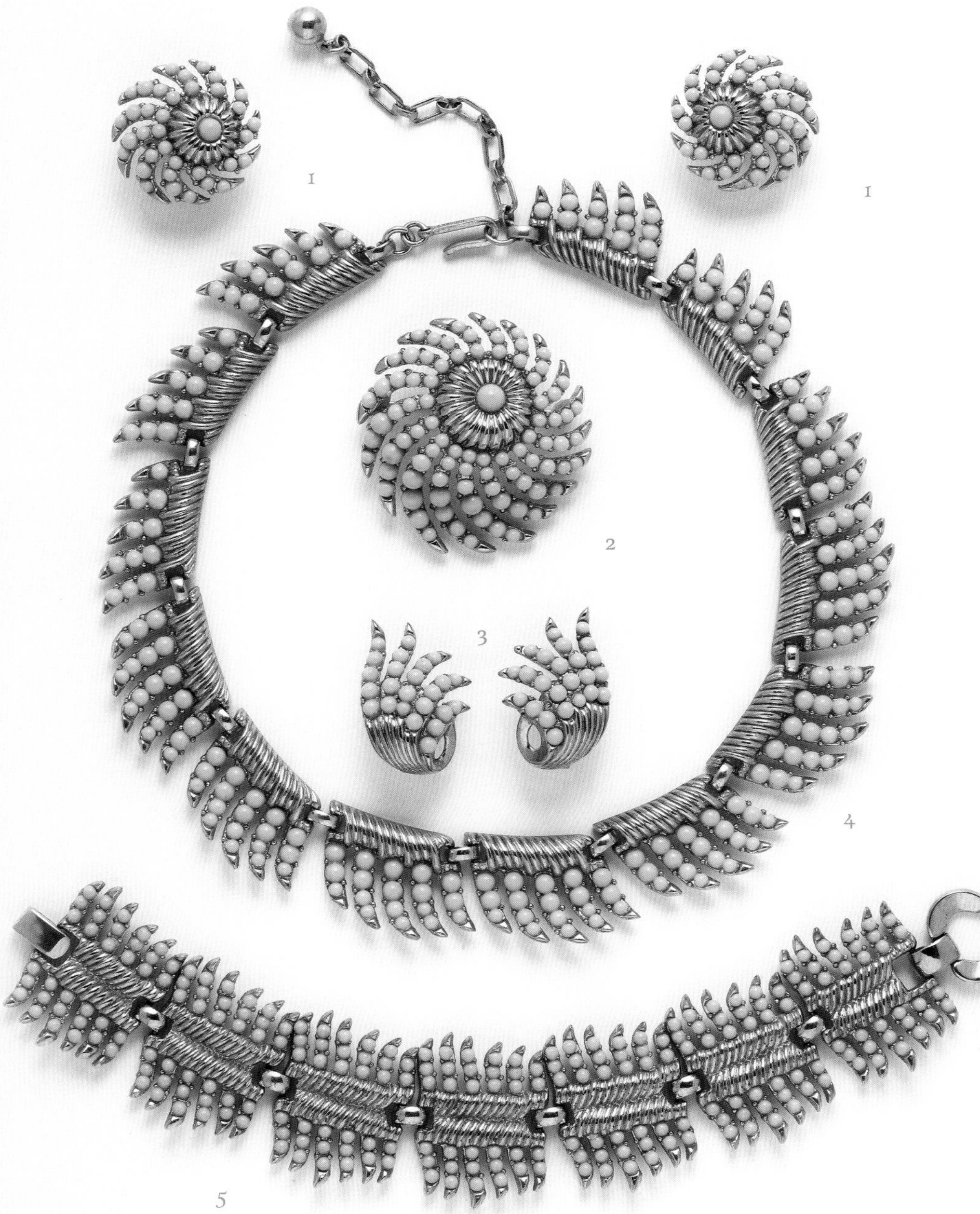

名称
浅色绿松石套组

品牌
TRIFARI

年代
1950s

材质
合金 / 仿绿松石

尺寸
1 2.6cm × 2.6cm
2 4.3cm × 4.3cm
3 2.5cm × 2.2cm
4 31.4cm × 2.0cm
5 18.6cm × 3.4cm

1
2

*
名称
“印度瑰宝”系列
品牌
TRIFARI
年代
1950s
材质
合金 / 琉璃

*
尺寸
1 5.6cm × 5.0cm
2 2.5cm × 2.5cm

麦当娜在 1996 年主演了电影《贝隆夫人》，本片以二战前后阿根廷社会的历史进程为背景，讲述了阿根廷前总统夫人埃娃富有传奇性的一生，以及她和贝隆之间相识相爱的故事。在电影中，麦当娜佩戴 TRIFARI 50 年代的印度系列耳环和胸针。这一系列的设计参考印度本土风格，有着印度教的轮回意味。

1

2

3

4

*

名称

天堂鸟系列

品牌

BOUCHER

年代

1950s

材质

合金镀金 / 琉璃

*

尺寸

1 5.5cm × 6.5cm

2 10.5cm × 7.0cm

3 6.5cm × 5.5cm

4 3.5cm × 2.5cm

“众鸟高飞尽，孤云独去闲。”马塞尔·布歇所雕琢的天堂鸟如此飘逸灵动，仿佛诗人李白独坐敬亭山观景的画卷徐徐展开。

近百年后的今天，在经过一轮轮市场竞拍和价格较量后，BOUCHER的飞鸟胸针总是独占鳌头，而“天堂鸟”则堪称经典。天堂鸟，又名极乐鸟、太阳鸟，主要分布在新几内亚以及附近的岛屿，也有少数分布于澳大利亚。传说这种鸟类住在“天国乐园”里，饮露水，食花蜜，飞舞起来可以发出一阵阵悦耳动听的声音。它喜欢顶风而行，所以还有“风鸟”之称。天堂鸟的体态极为华美，中央尾羽延长若金色的丝线。

“凤兮凤兮归故乡，遨游四海求其凰。”

*

名称

鸟类系列

品牌

BOUCHER

年代

1950s

材质

合金 / 珐琅

*

尺寸

1 5.2cm × 4.2cm

2 2.5cm × 1.5cm

3 8.7cm × 5.1cm

4 8.5cm × 3.5cm

5 7.5cm × 4.5cm

6 7.3cm × 6.4cm

D'ORLAN

D'ORLAN公司由莫里斯·J·布兰登(Maurice J. Bradden)于1957年成立，目标是年轻消费者。他的老师是大名鼎鼎的马塞尔·布歇。在马塞尔·布歇去世后，1979年D'ORLAN将BOUCHER公司收为己有，珠宝标识为D'ORLAN。直到20世纪70年代初，D'ORLAN珠宝在北美、欧洲和日本的市场都非常受欢迎，取得了成功。D'ORLAN推出了一系列产品，延伸了BOUCHER的设计，此外，在1984年D'ORLAN和NINA RICCI建立了合作关系，开始为NINA RICCI生产首饰，并且研发出用22K黄金进行三层镀金的方式。D'ORLAN在2006年结束了自己49年的时尚生涯。

MARCEL BOUCHER被D'ORLAN收购之后，二者的作品有很多相似之处。左为BOUCHER鸟类胸针，右为D'ORLAN的产品。

1 2 3 4 5 6

*

名称

鸟类系列

品牌

D'ORLAN

年代

1970s

材质

合金 / 琉璃 / 珐琅

*

尺寸

1 7.0cm × 4.0cm

2 14.0cm × 6.3cm

3 6.0cm × 6.0cm

4 9.0cm × 6.0cm

5 4.0cm × 5.5cm

6 11.0cm × 8.5cm

SCHREINER

亨利·施赖纳（Heinrich Schreiner，1898—1954）出生于德国南部巴伐利亚的一个中产阶级家庭，自幼受到良好的教育和艺术熏陶，对歌剧尤其热爱。第一次世界大战期间，亨利应征入伍。战争结束后，为了移民美国，他开始学习铁匠工艺。1923 年，亨利抵达美国，发现已经出现了汽车和电气化，陆续在不同电力公司工作。1927 年，亨利受雇于一家生产鞋扣的公司。由于老板不善经营，最后把公司卖给了亨利，用来抵消拖欠亨利的工资。亨利转而经营纽扣、皮带扣和珠宝。掐丝工艺、花草主题配上镀金、镀银材料，使得他的纽扣生意非常火爆。1943 年，SCHREINER 珠宝公司正式宣告成立。

美国收藏界有句佳话："没有平凡的 SCHREINER。"因为 SCHREINER 珠宝几乎都是全手工镶嵌。亨利一直把和设计师的合作被摆在首要位置，斥巨资聘请高级定制服装品牌的设计师，并送他们去当时的时尚之都——巴黎学习。

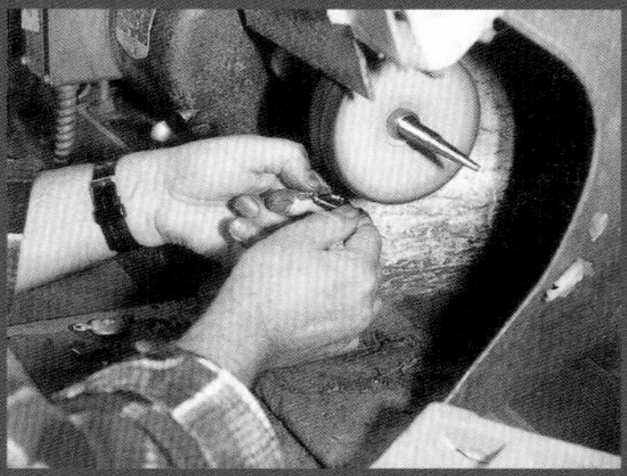

SCHREINER 花边（Ruffle）胸针

1954 年，亨利病逝后，公司由亨利的女儿泰瑞（Terry）和女婿安布罗斯（Ambros）接管。泰瑞负责公司运营，而工程师出身的安布罗斯负责产品设计。安布罗斯对音乐和艺术充满热情，虽然没有任何设计背景，但正因如此，他的思想比亨利更为开放。1957 年，安布罗斯推出花边胸针，它使用梯形石（Keystone）模拟娇嫩的花瓣，用不规则的焊接组合模仿花瓣在微风中摇曳的样子，颇有“桃之夭夭，灼灼其华”的风貌。花边胸针一经问世，便受到热捧，并成为公司的扛鼎之作。

1974 年，安布罗斯病倒，失去支柱的泰瑞决定关闭 SCHREINER。1975 年，公司彻底停产。

名称	尺寸
建筑型胸针	1　5.8cm × 5.5cm
品牌	2　3.5cm × 2.4cm
SCHREINER	3　5.0cm × 5.5cm
年代	4　4.6cm × 4.2cm
1950s—1960s	5　7.1cm × 7.1cm
材质	6　8.0cm × 6.5cm
合金 / 水晶	7　6.0cm × 5.1cm

*

名称

建筑型胸针

品牌

SCHREINER

年代

1950s—1960s

材质

合金 / 水晶

*

尺寸

1 5.0cm × 4.0cm

2 6.0cm × 5.0cm

3 5.5cm × 5.5cm

4 6.2cm × 6.0cm

5 5.0cm × 5.0cm

1

2

3

*

名称

建筑型胸针

品牌

SCHREINER

年代

1950s—1960s

材质

合金 / 水晶

*

尺寸

1 7.0cm × 5.4cm

2 7.3cm × 4.8cm

3 5.5cm × 6.0cm

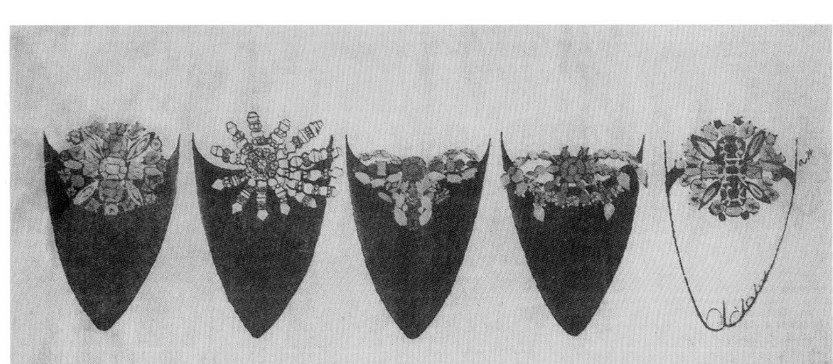
New brilliance from our evening glossary: fabulous shoe buckles to light up the perfectionist pump. Just one facet of our glittering collection of dinner shoes and dancing sandals, all as gala as this most festive season. The buckles, on elastic bracelets, jewelled with rhinestones and colored brilliants. from $3.00 to $18.00. Exclusive, of course.
I. Miller
New York · Washington · Philadelphia · Baltimore · White Plains · Rochester · Atlantic City · Salons at: Abraham & Straus, Brooklyn; L. Bamberger, Newark

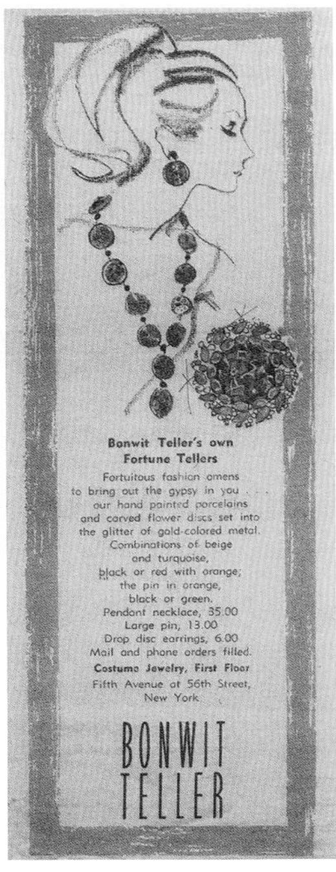
Bonwit Teller's own
Fortune Tellers
Fortuitous fashion omens
to bring out the gypsy in you . . .
our hand painted porcelains
and carved flower discs set into
the glitter of gold-colored metal.
Combinations of beige
and turquoise,
black or red with orange;
the pin in orange,
black or green.
Pendant necklace, 35.00
Large pin, 13.00
Drop disc earrings, 6.00
Mail and phone orders filled.
Costume Jewelry, First Floor
Fifth Avenue at 56th Street,
New York
BONWIT
TELLER

1

5

3

2

4

6

8

7

9

*

名称

雏菊

品牌

SCHREINER

年代

1950s—1960s

材质

合金 / 琉璃 / 树脂

*

尺寸

1 8.0cm × 4.5cm	7 8.0cm × 4.5cm
2 3.3cm × 3.5cm	8 8.0cm × 4.5cm
3 8.0cm × 4.5cm	9 3.3cm × 3.5cm
4 3.3cm × 3.5cm	
5 7.0cm × 3.8cm	
6 7.9cm × 4.7cm	

Harper's
BAZAAR
Incorporating Junior Bazaar
December 1949
Christmas Holidays

Schreiner Collection JOSEPH HORNE CO. Galleries
Brilliant pins with new dimension, glowing stones, sparkling gems. $8 to $16*. Fouth Floor.
*plus 10% Federal and 4% Pa. state tax.

I. MAGNIN & CO
we like the color tones of royal pastel ... palest beige to deepest taupe ...
here Stroock's soft royal pastel wool in a Magnin-exclusive coa
by Originala ... the Lilly Daché hat is royal pastel mink

JUNE
VOGUE
GOOD NEWS
ABOU
THE NEW FASHION DOLLA
WHAT IT CAN BUY FOR SUMME
ADVANCE
RETAIL
TRADE
EDITION
NEW
BEAUTY NEEDS
50 CENTS

1

2

3

4

5

6

名称	尺寸
芭蕾舞者海报组	1　5.4cm ×4.9cm
品牌	2　7.7cm ×5.3cm
CORO	3　6.0cm×4.5cm
年代	4　7.0cm ×5.3cm
1953	5　5.4cm ×4.9cm
材质	6　5.5cm ×3.6cm
合金镀金 / 莱茵石	

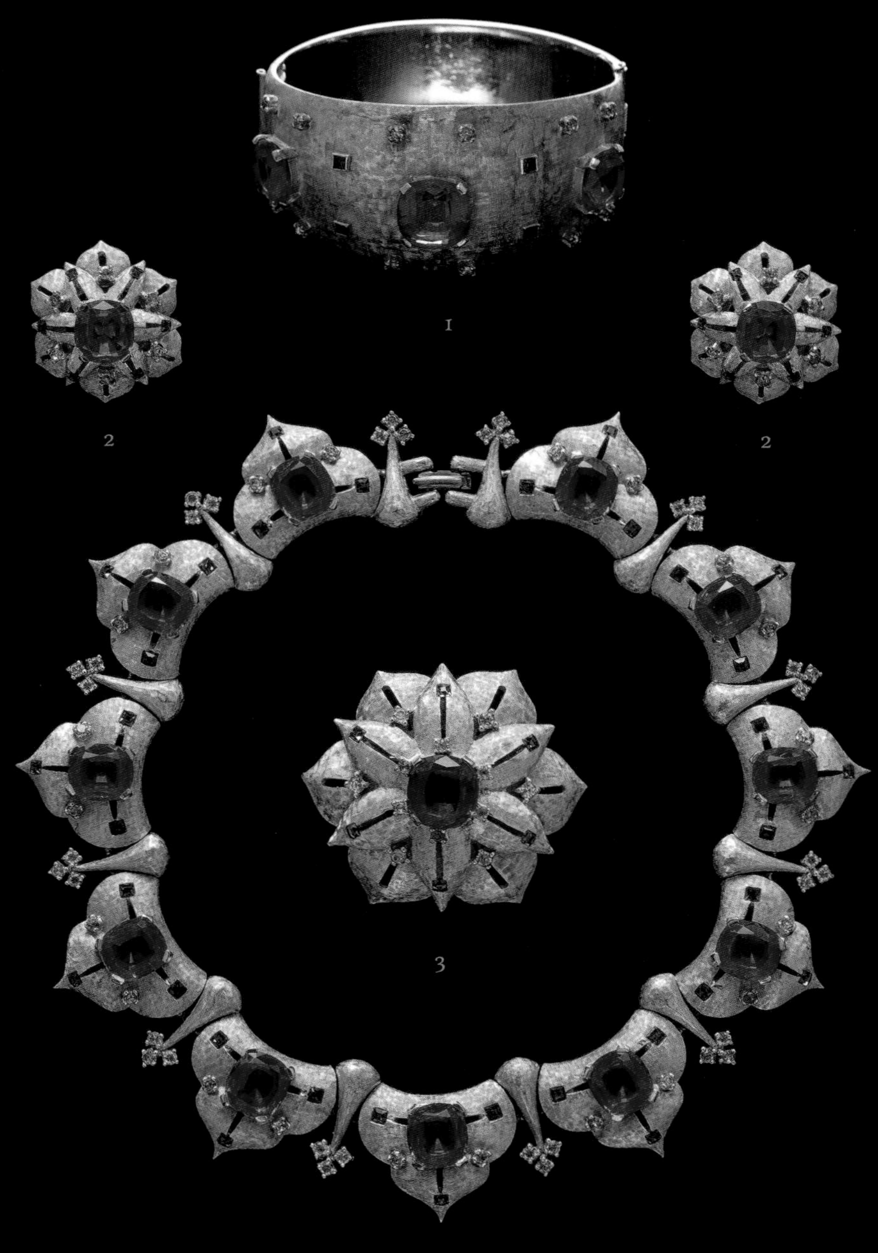

名称	尺寸
印度星芒海报组	1　6.5cm × 5.5cm × 3.4cm
品牌	2　3.0cm × 3.0cm
MAZER	3　5.5cm × 5.0cm
年代	4　16.0cm × 15.5cm
1947	
材质	
银镀金 / 托帕石	

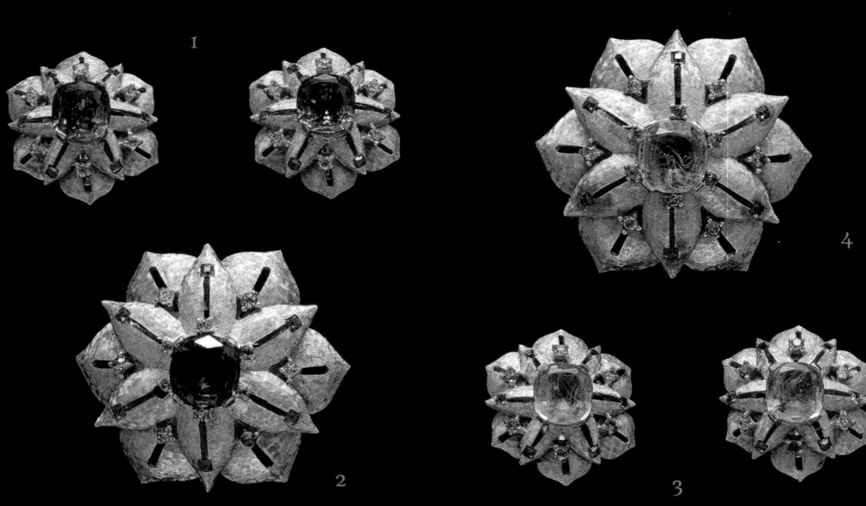

*

名称

印度星芒系列

品牌

MAZER

年代

1947

材质

银镀金 / 托帕石

*

尺寸

1 3.0cm × 3.0cm

2 5.5cm × 5.0cm

3 3.0cm × 3.0cm

4 5.5cm × 5.0cm

1

2

*

名称

印度系列

品牌

JOMAZ

年代

1950s

材质

银镀金 / 银镀铑

托帕石

*

尺寸

1 6.3cm × 5.2cm

2 16.0cm × 15.0cm

2

I

2

＊
名称
印度系列

品牌
JOMAZ

年代
1950s

材质
银镀金 / 银镀铑
托帕石

＊
尺寸
1 6.5cm × 5.0cm
2 6.5cm × 1.7cm

1

2

3

4

5

6

7

名称	尺寸
冰糖系列	1 5.6cm × 5.0cm
品牌	2 5.6cm × 5.0cm
JOMAZ	3 4.0cm × 4.0cm
年代	4 2.5cm × 2.6cm
1950s	5 4.0cm × 4.0cm
材质	6 2.6cm × 2.5cm
银镀金 / 银镀铑 托帕石	7 5.5cm × 5.5cm

*

名称

冰糖系列

品牌

JOMAZ

年代

1950s

材质

合金镀金 / 托帕石

*

尺寸

1 8.0cm × 2.8cm

2 9.0cm × 5.6cm

3 18.5cm × 2.8cm

4 6.0cm × 5.5cm

*

名称

宝石系列

品牌

JOMAZ

年代

1950s

材质

合金镀金 / 托帕石

*

尺寸

1 5.5cm × 4.5cm

2 6.7cm × 5.5cm

3 4.6cm × 4.3cm

4 2.5cm × 2.0cm

5 19.3cm × 1.9cm

6 5.5cm × 4.5cm

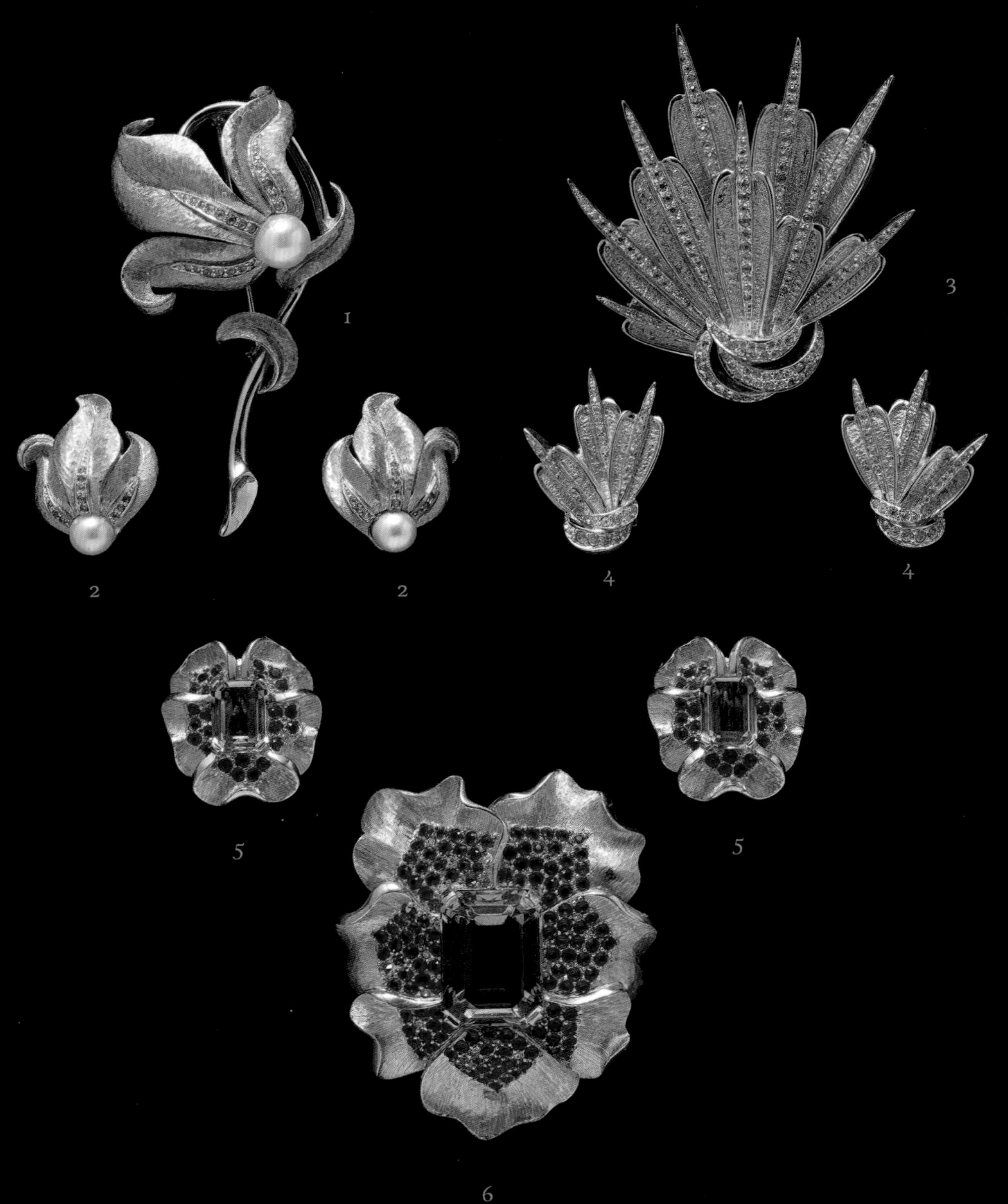

*

名称

宝石系列

品牌

JOMAZ

年代

1950s

材质

合金镀金 / 托帕石

*

尺寸

1 8.0cm × 4.4cm

2 3.2cm × 2.5cm

3 7.0cm × 6.4cm

4 3.7cm × 2.5cm

5 4.3cm × 2.9cm

6 7.0cm × 5.8cm

*
名称
待开百合胸针

品牌
JOMAZ

年代
1950s—1960s

材质
合金镀金

*
尺寸
1-3 9.6cm × 2.3cm

HATTIE CARNEGIE

HATTIE CARNEGIE

1886—1956

海蒂·卡内基（Hattie Carnegie，1886—1956）出生于奥匈帝国首都维也纳的贫寒家庭，本名亨丽埃塔·卡内基泽（Henrietta Kanengeiser）。1900 年，全家九口迁往美国。在去美国的轮船上，14 岁的亨丽埃塔第一次听说了钢铁大王卡内基的名字。两年后，父亲去世，亨丽埃塔辍学，在梅西百货帽饰部当女帽模特，并由此获得昵称海蒂。

1909 年，海蒂和朋友罗斯·罗特（Rose Roth）开了一家服饰店，罗斯负责缝纫，海蒂负责设计和制版。也是在这一年，她将姓氏改为卡内基以自勉。1913 年，她们盘下了百老汇拐角处的一个店面。1919 年，海蒂将罗斯·罗特的股份买下，至此拥有了自己的同名企业。

海蒂引进了一批法国设计师的设计，其中包括简奴·浪凡（Jeanne Lanvin）、可可·香奈儿（Coco Chanel）、让·巴杜（Jean Patou）、伊尔莎·斯奇培尔莉（Elsa Schiaparelli）和查尔斯·詹姆斯（Charles James）等，并将浓郁的法式风格变成地道的美国味。1929 年，公司年销售额高达 350 万美元。

“留连戏蝶时时舞，自在娇莺恰恰啼。”珐琅、仿珠、莱茵石与玻璃珠这些在当时常见的材料，总以一种出人意料的方式组合在一起，进而幻化为一件件灵动、诗意的作品。无论是田园主题，还是珍禽异兽题材，都能在光怪陆离和精致唯美之间游刃有余，因为，它们的灵气是相通的。

“我不认为我会爬到梯子的顶端，因为我总是在增加更多的阶梯。”海蒂·卡内基的一生诠释了“只要踮起脚尖，就能更接近阳光”。

40 年代，HATTIE CARNEGIE 发展成为一家种类齐全的百货公司，有定制帽子、珠宝、陶瓷、玻璃制品、香水、化妆品等，公司员工已多达千余人，其中包括海蒂的 11 个外甥和外甥女。

1956 年，70 岁的海蒂·卡内基去世，定制沙龙于 1965 年关闭，珠宝配饰产品线继续运作，直至 1976 年整个公司关闭。

“人生似幻化，终当归空无。”

*

名称

春天花园系列

品牌

HATTIE CARNEGIE

年代

1950s

材质

合金镀金 / 珐琅

*

尺寸

1 7.5cm × 2.8cm

2 6.0cm × 6.0cm

3 7.5cm × 2.5cm

4 9.0cm × 3.0cm

5 3.0cm × 2.5cm

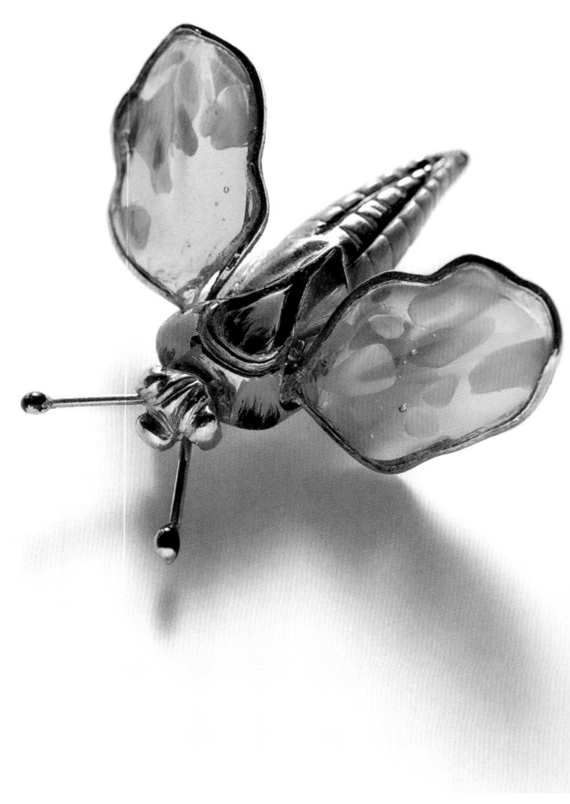

*

名称

春天花园系列

品牌

HATTIE CARNEGIE

年代

1950s

材质

珐琅 / 合金镀金

*

尺寸

1 6.0cm × 3.0cm

2 5.0cm × 5.2cm

3 3.0cm × 2.5cm

4 6.0cm × 6.0cm

5 3.0cm × 2.0cm

6 8.8cm × 4.5cm

*
名称
春天花园系列
品牌
HATTIE CARNEGIE
年代
1950s
材质
合金镀金 / 珐琅

*
尺寸
1 7.2cm × 3.0cm
2 6.0cm × 5.0cm
3 5.0cm × 3.0cm
4 3.0cm × 5.0cm
5 5.0cm × 4.5cm
6 6.6cm × 3.8cm

*

名称

赛璐珞人物动物组

品牌

HATTIE CARNEGIE

年代

1950s—1970s

材质

合金 / 赛璐珞

*

尺寸

1 9.3cm × 2.8cm

2 5.5cm × 4.0cm

3 8.0cm × 4.0cm

4 7.5cm × 3.5cm

5 3.3cm × 5.5cm

6 7.0cm × 3.0cm

1

2

*

名称

中国玉系列

品牌

HATTIE CARNEGIE

年代

1950s

材质

合金 / 赛璐珞

*

尺寸

1　5.7cm × 5.5cm

2　4.5cm × 5.0cm

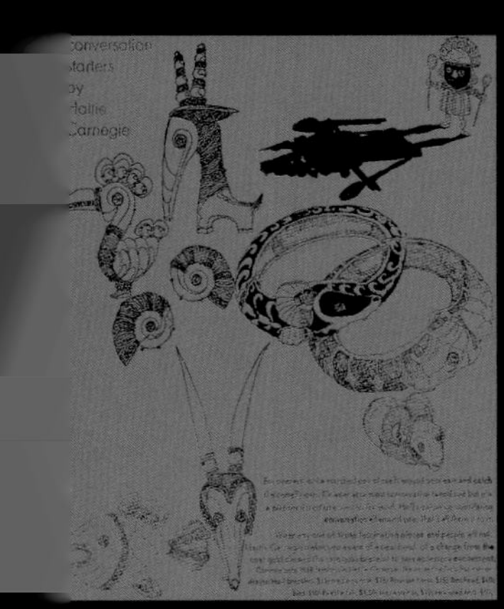

关于“黑人胸针”的误解

2017 年圣诞，英国女王在白金汉宫举行午餐会，肯特王妃佩戴了一枚看似以黑人头像为造型的胸针出席，一同出席的还有刚宣布与哈里王子订婚的梅根·马克尔。梅根·马克尔是混血儿，母亲是非洲裔美国人。因此肯特王妃此举被认为是想给梅根一个“下马威”。在一片声讨中，72 岁的肯特王妃公开致歉。但她佩戴的其实是摩尔人胸针。

摩尔人是欧洲人最早接触的来自北非以及部分中东地区的穆斯林。中世纪时，摩尔人十分强大，曾一度占领了欧洲的一小部分地区。从此拉开了与欧洲腹地交流的帷幕。

16 世纪开始，威尼斯人开始以摩尔人为题材，制作珠宝与物件，满足欧洲人对摩尔人的好奇。17 世纪起受到权贵阶层的衷爱，人们以拥有高级的摩尔人珠宝为荣。人物头顶往往采用彩宝头巾装饰，通常由水晶或玛瑙手工雕刻而成，周围辅以金银、钻石、珊瑚以及各色宝石等镶嵌，整体风格华贵夺目，颇具异域风情。

摩尔人作为一个时尚风潮、一种纯粹的风格，与政治无关，与歧视无关。

1 2 3 4

*

名称

摩尔人胸针

品牌

BOUCHER 等

年代

1950s—1970s

材质

合金 / 琉璃 / 莱茵石

*

尺寸

1 8.0cm × 4.0cm

2 8.0cm × 4.0cm

3 8.0cm × 3.1cm

4 6.0cm × 3.2cm

名称

日夜机械花系列

品牌

WARNER/BOUCHER

年代

1950s—1970s

材质

合金镀金 / 纯银镀金

尺寸

1 6.0cm × 4.5cm

2 5.6cm × 5.6cm

3 6.0cm × 5.5cm

4 10.0cm × 3.6cm

5 6.5cm × 5.0cm

6 6.0cm × 4.5cm

WARNER 公司 1953 年创立，1971 年停止运营。公司历史并不悠久，但是在短短的 20 年里以高质量的工艺闻名于世。尤其是它的机械花有一个好听的名字：Day and Night。在花瓣的一开一合间体现日夜交替，精美又有趣。巧妙的开合机关，可以实现花瓣打开和闭合，花瓣有多种颜色，分两层，内层可以活动，通过推动叶子控制开合。同一时期也有不少其他品牌相继推出类似的机械花。

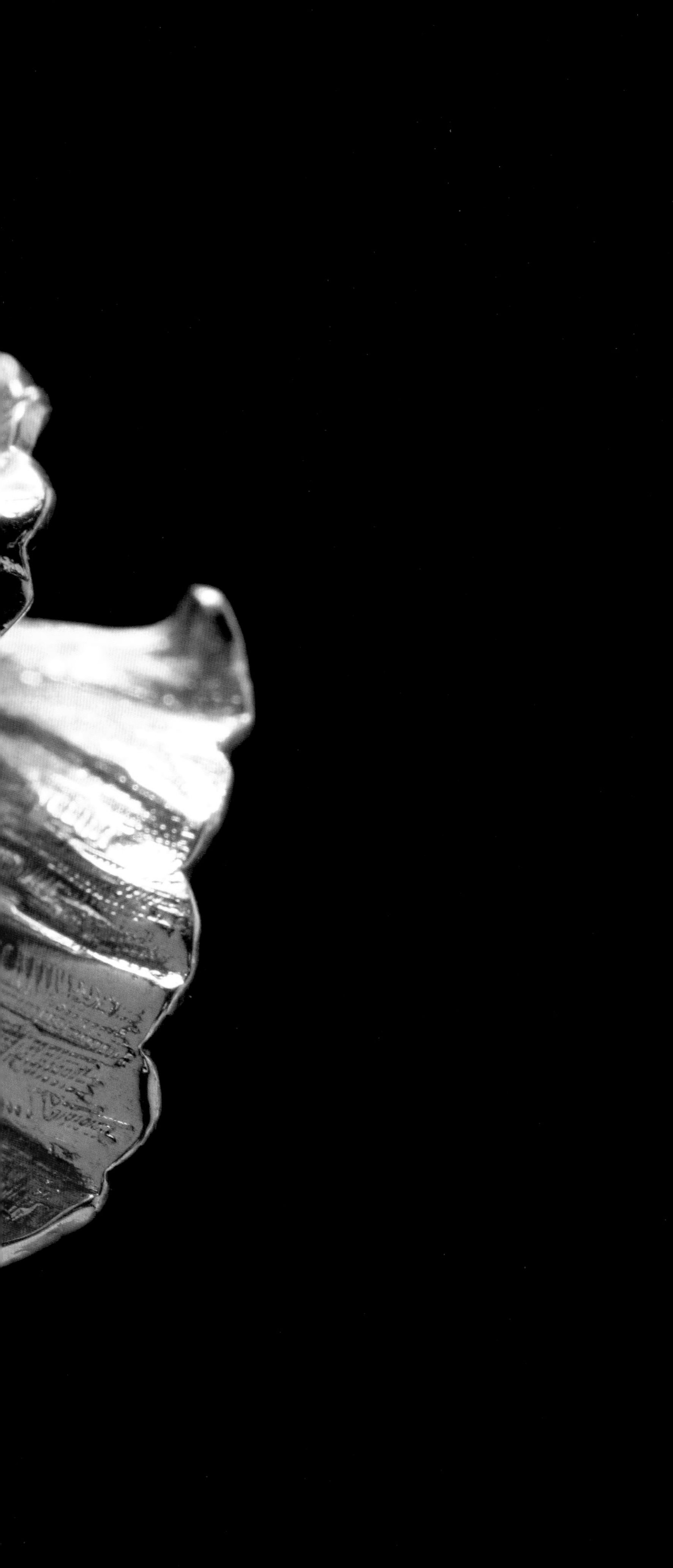

绽放心火 1960s Burning Desire

如果说50年代的时尚可以用制式、套装、消费主义来形容。那么60年代则是一个宣扬个性、放飞自我的摇滚年代。

在美国西部圣克拉拉周边，随着一些不安分的天才少年陆续开始在出租屋或者汽车库里捣鼓一些小公司，曾经以农业为主、盛产大樱桃的硅谷，逐渐成为罗伯特·诺伊斯（Robert Norton Noyce）等一群天才少年们的大本营。年轻人在西部开始了反抗，他们反抗信息的垄断，追求平等，他们相信：世界是平等的。从农业社会步入工业社会，从工业社会步入信息社会，对平等的呼吁越来越强烈。这种反抗也很快地向整个美国蔓延。

征服海洋，向外太空出发。在繁荣而富足的60年代，野心勃勃的美国也开始了对海洋和外太空的探索。一面潜入深海，一面启动“阿波罗”登月计划。时装珠宝界当然也与时俱进，推出了以贝壳和各种海洋生物为主题的设计，其中最具代表性的品牌当数意大利那不勒斯诞生的BULGARI。对外太空探索的热情甚至使得一些时装珠宝的设计充满未来感。新颖、有趣、价格低廉，60年代的时装珠宝年轻而充满活力。

在60年代，优雅端庄的50年代时装已经被贬为老古董。这群在自由、进步、变革的年代成长起来的年轻人厌烦了父母的装扮，他们追求个性与身体解放。短小、直筒的中性风格在年轻人中流行，小伙子留起了长发，皮夹克、黑牛仔裤、机车靴，听着激昂的摇滚乐，自由洒脱的社会风气被瞬间点燃。与此同时，嬉皮士风潮开始盛行：T恤、低腰裙、喇叭牛仔裤、印花头巾等成为嬉皮士的标配，他们在披头士和鲍勃·迪伦的咆哮中宣泄，并声称要与传统决裂。

60年代，石油化工革命的重要产物——塑料开始被大规模应用于时装珠宝中，塑料极强的可塑性也让时装珠宝有了更丰富的可能性，时装珠宝的题材因此愈发琳琅满目。

60年代，人们比的不再是谁的宝石更大、更贵，而是谁更明媚、更自由、更摩登、更有范儿。

1960s

名称	尺寸	
海洋系列	1　6.5cm × 4.2cm	8　5.0cm × 4.3cm
品牌	2　5.8cm × 6.9cm	9　8.2cm × 4.4cm
TRIFARI	3　4.2cm × 4.9cm	
年代	4　4.9cm × 4.2cm	
1960s	5　6.9cm × 4.8cm	
材质	6　6.9cm × 4.7cm	
合金镀金 / 珐琅	7　4.3cm × 4.0cm	

I

2

3

4

*

名称

车系列

品牌

TRIFARI

年代

1960s

材质

合金镀金

*

尺寸

1 幸福之车 4.6cm×3.0cm

2 自 行 车 4.7cm×3.5cm

3 蜜 月 车 4.1cm×3.2cm

4 花 车 4.6cm×4.0cm

TRIFARI 20 世纪 60 年代的车造型胸针，车轮可以转动。

*
名称
绿松石植物海报组
品牌
TRIFARI
年代
1963
材质
合金镀金 / 仿绿松石

*
尺寸
1 5.5cm × 3.8cm
2 2.7cm × 2.3cm
3 3.0cm × 2.0cm
4 7.0cm × 3.6cm
5 6.7cm × 5.5cm
6 2.5cm × 2.3cm
7 2.2cm × 1.8cm
8 5.5cm × 3.5cm
9 8.2cm × 4.0cm
10 19.5cm × 1.0cm

Jewels by
TRIFARI

1

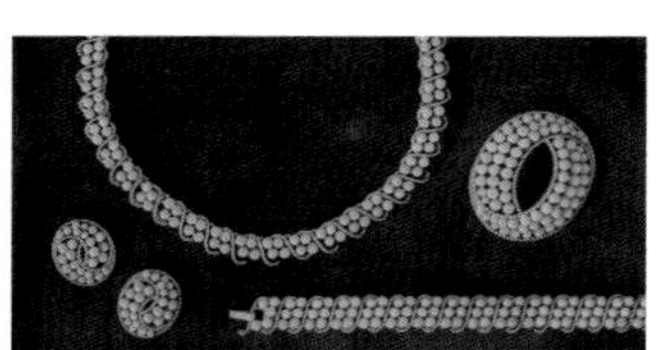

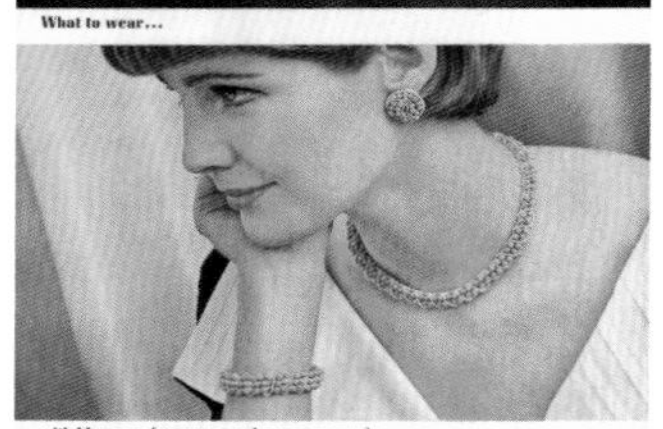

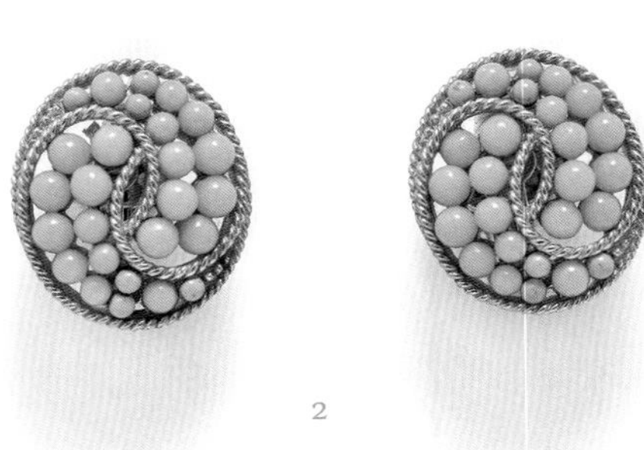

2

3

*

名称

绿松石海报组

品牌

TRIFARI

年代

1960s

材质

合金镀金 / 仿绿松石

*

尺寸

1 5.5cm × 7.0cm

2 2.6cm × 2.3cm

3 5.2cm × 4.1cm

名称

马赛克系列

品牌

TRIFARI

年代

1966

材质

合金镀金 / 琉璃

尺寸

1 17.1cm × 1.0cm

2 7.2cm × 7.2cm

3 4.0cm × 6.8cm

4 4.6cm × 5.1cm

5 3.3cm × 5.8cm

6 7.2cm × 6.0cm

7 4.5cm × 1.5cm

8 7.3cm × 7.8cm

名称	尺寸					
十二月生日花系列	1	一月康乃馨	8.0cm×3.0cm	7	七月百合	6.3cm×4.0cm
品牌	2	二月紫罗兰	5.0cm×3.6cm	8	八月剑兰	8.0cm×3.5cm
BOUCHER	3	三月黄水仙	7.0cm×3.5cm	9	九月大丽花	3.8cm×3.8cm
年代	4	四月三色堇	6.0cm×4.5cm	10	十月菊花	6.8cm×5.8cm
1963	5	五月铃兰	6.0cm×2.5cm	11	十一月兰花	5.0cm×4.0cm
材质	6	六月玫瑰	4.0cm×4.0cm	12	十二月水仙	7.0cm×3.0cm
合金镀金 / 仿珍珠						

1963 年，MARCEL BOUCHER 和 TRIFARI 同时推出十二月生日花系列胸针，每一枚分别代表每个月的幸运花。两个品牌的生日花种类有重合也有不同。

名称

十二月生日花系列

品牌

TRIFARI

年代

1963

材质

合金镀金

尺寸

1	一月康乃馨	6.0cm × 4.0cm	7	七月虞美人	5.5cm × 4.0cm
2	二月紫罗兰	6.5cm × 4.0cm	8	八月剑兰	8.3cm × 2.6cm
3	三月黄水仙	6.0cm × 3.8cm	9	九月大丽花	5.5 cm × 3.5cm
4	四月香豌豆	4.8cm × 4.0cm	10	十月波斯菊	5.5cm × 3.7cm
5	五月铃兰	8.0cm × 2.5cm	11	十一月菊花	4.8cm × 4.8cm
6	六月玫瑰	5.6cm × 4.5cm	12	十二月水仙	6.6cm × 3.5cm

名称

十二星座系列

品牌

TRIFARI

年代

1960s

材质

合金镀金

尺寸

1	白羊 3.7cm × 3.7cm	7	天秤 3.7cm × 3.7cm
2	金牛 3.7cm × 3.7cm	8	天蝎 3.5cm × 3.5cm
3	双子 3.7cm × 3.7cm	9	射手 3.7cm × 3.7cm
4	巨蟹 3.4cm × 3.4cm	10	摩羯 3.4cm × 3.4cm
5	狮子 3.7cm × 3.7cm	11	水瓶 3.7cm × 3.7cm
6	处女 3.6cm × 3.6cm	12	双鱼 3.7cm × 3.7cm

It's simply astrological.

TRIFARI

名称	尺寸
Smart Girl 系列	1　2.5cm × 6.5cm
品牌	2　2.5cm × 2.5cm
TRIFARI	3　6.7cm × 5.0cm
年代	4　7.5cm × 3.8cm
1964	5　18.0cm × 2.0cm
材质	6　7.0cm × 5.0cm
合金镀金	

名称
叶脉海报组

品牌
TRIFARI

年代
1960s

材质
合金镀金

尺寸
1 5.0cm × 5.0cm
2 4.9cm × 4.0cm
3 5.7cm × 5.7cm
4 8.3cm × 3.0cm
5 6.4cm × 5.3cm

名称
白钻海报组

品牌
TRIFARI

年代
1960s

材质
合金 / 莱茵石

尺寸

1 4.5cm × 4.5cm

2 17.5cm × 1.4cm

3 2.0cm × 2.0cm

4 5.5cm × 3.7cm

名称

春天海报组

品牌

TRIFARI

年代

1960s

材质

合金镀金

尺寸

1 5.3cm × 5.2cm

2 2.8cm × 1.7cm

3 6.3cm × 5.4cm

4 2.4cm × 2.4cm

5 10.9cm × 4.1cm

6 6.7cm × 6.2cm

7 8.0cm × 3.9cm

1

2

3

4

4

5

*

名称

绣球花套组

品牌

TRIFARI

年代

1960s

材质

合金镀金

*

尺寸

1 7.0cm × 4.8cm

2 4.6cm × 4.6cm

3 41.0cm × 1.0cm

4 2.8cm × 2.4cm

5 18.5cm × 2.0cm

名称

新艺术风格系列

品牌

TRIFARI

年代

1960s

材质

合金镀金 / 仿珍珠

尺寸

1 6.7cm × 4.5cm

2 2.4cm × 2.0cm

3 6.0cm × 6.0cm

4 5.7cm × 4.4cm

5 6.0cm × 3.8cm

6 7.0cm × 4.5cm

名称	尺寸
圣诞礼物海报组	1 6.2cm × 5.0cm
品牌	2 5.8cm × 5.1cm
TRIFARI	3 5.2cm × 5.2cm
年代	4 6.2cm × 5.3cm
1960s	5 6.8cm × 4.8cm
材质	6 4.6cm × 3.8cm
合金镀金 / 仿珍珠	7 5.3cm × 5.8cm

1

2

3

4

名称

铃兰系列

品牌

TRIFARI

年代

1960s

材质

合金镀金 / 树脂幻彩涂层

尺寸

1 6.3cm × 5.4cm

2 3.1cm × 2.3cm

3 17.2cm × 1.6cm

4 34.0cm × 1.2cm

20 世纪 60 年代的 TRIFARI 铃兰胸针，枝叶采用合金镀金技术，花蕊的树脂表面拥有的幻彩涂层，营造了晶莹剔透的美感。

名称
火鸟系列
品牌
TRIFARI
年代
1965
材质
合金镀金 / 莱茵石

尺寸
1 6.6cm × 5.8cm
2 5.7cm × 5.1cm
3 7.6cm × 4.2cm
4 7.0cm × 5.4cm
5 6.7cm × 4.8cm

firebirds!
Jewels by TRIFARI
Trifari uncages wickedly wonderful, wildly dramatic birds that fly to your shoulders, swoosh to a pocket, wing to a throat, sweep to a sleeve. Extraordinarily handsome, fiercely arrogant, brilliantly designed, each a distinctive Trifari jewel to display proudly... and upstage every other woman in the room. Shown actual size. All, in intricately worked golden-toned Trifanium, set with rhinestones and multicolor sparklers. Peacock $12.50; Egret $17.50; $25.00; Rooster $17.50; Owl (not shown) $15.00. Prices plus tax.

名称

胸针八鸟图

品牌

TRIFARI

年代

1960s

材质

纯银镀金

尺寸

1 8.0cm × 3.4cm

2 7.4cm × 5.5cm

3 5.5cm × 5.0cm

4 6.0cm × 3.5cm

5 8.5cm × 3.0cm

6 6.5cm × 9.5cm

7 7.0cm × 6.0cm

8 4.5cm × 4.5cm

名称
胸针八鸟图（珐琅）

品牌
TRIFARI

年代
1960s

材质
合金 / 珐琅

尺寸
1 4.9cm × 4.7cm
2 7.0cm × 6.0cm
3 2.5cm × 2.2cm
4 6.5cm × 6.0cm
5 7.6cm × 7.5cm
6 7.0cm × 6.0cm
7 5.0cm × 3.8cm
8 7.9cm × 2.5cm

*	*
名称	尺寸
迷你宫廷系列	1 2.5cm × 2.5cm
品牌	2 2.4cm × 2.7cm
TRIFARI	3 1.9cm × 2.6cm
年代	4 3.2cm × 2.1cm
1960s	5 4.4cm × 1.5cm
材质	6 4.5cm × 1.7cm
合金镀金 / 珐琅	

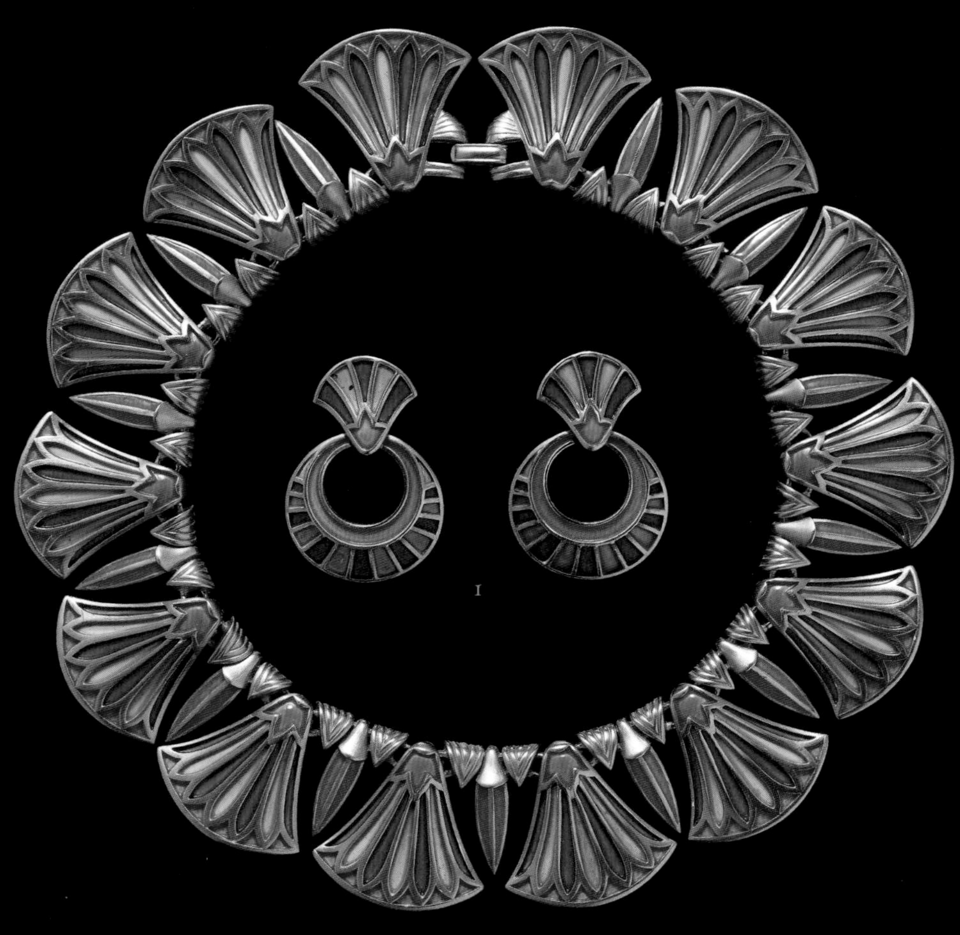

1

2

名称
埃及套组

品牌
TRIFARI

年代
1960s

材质
合金 / 珐琅

尺寸
1 4.3cm × 3.0cm
2 22.4cm × 12.0cm

*

名称

田园系列

品牌

TRIFARI

年代

1967

材质

合金 / 珐琅

*

尺寸

1 5.0cm × 4.2cm

2 5.7cm × 3.6cm

3 5.4cm × 3.9cm

4 5.4cm × 5.0cm

5 6.9cm × 2.5cm

6 2.5cm × 5.3cm

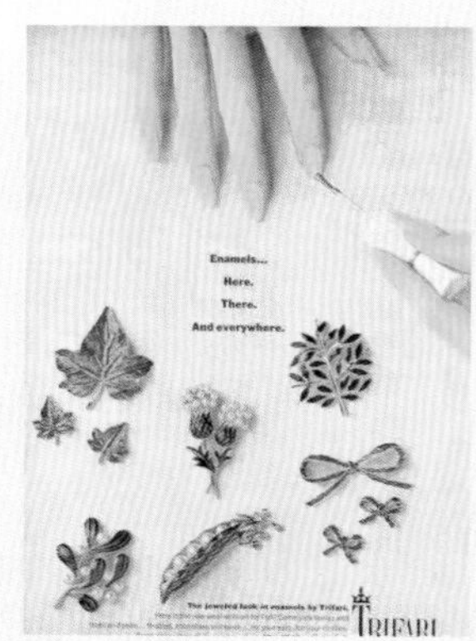

1

2

3

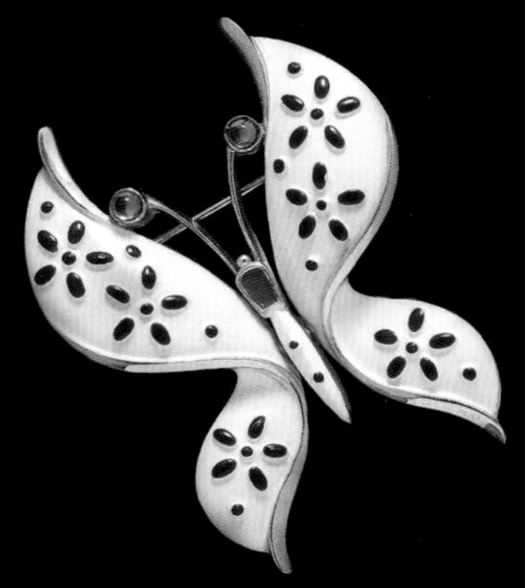

4

5

6

名称

中国青花小动物海报组

品牌

TRIFARI

年代

1967

材质

合金 / 珐琅

尺寸

1 5.7cm × 3.5cm

2 5.7cm × 4.6cm

3 6.0cm × 3.3cm

4 5.4cm × 4.1cm

5 4.2cm × 3.5cm

6 5.4cm × 3.2cm

＊
名称
“印度瑰宝”系列
品牌
TRIFARI
年代
1965
材质
纯银镀金／琉璃

＊
尺寸
1　8.1cm×5.1cm
2　8.0cm×3.0cm

1965 年 TRIFARI 的“印度瑰宝”（ Jewels of India ）系列采用印度传统线条和色彩。这个系列亦是阿尔弗雷德·菲利普的经典之作。

I

名称

“印度瑰宝”系列

品牌

TRIFARI

年代

1965

材质

纯银镀金 / 琉璃

尺寸

1 7.0cm × 6.2cm
2 6.4cm × 6.4cm
3 5.4cm × 5.4cm
4 2.6cm × 2.9cm
5 4.6cm × 4.4cm
6 2.3cm × 2.4cm
7 4.2cm × 5.8cm
8 7.0cm × 6.0cm
9 7.8cm × 5.4cm

名称

“烟花”系列

品牌

TRIFARI

年代

1968

材质

纯银镀金

莱茵石

尺寸

1 6.5cm × 5.1cm

2 5.0cm × 4.5cm

3 2.0cm × 1.5cm

4 7.4cm × 7.4cm

5 7.0cm × 4.3cm

6 18.2cm × 2.1cm

7 9.0cm × 6.5cm

8 39cm × 2.7cm

直径 16.5cm

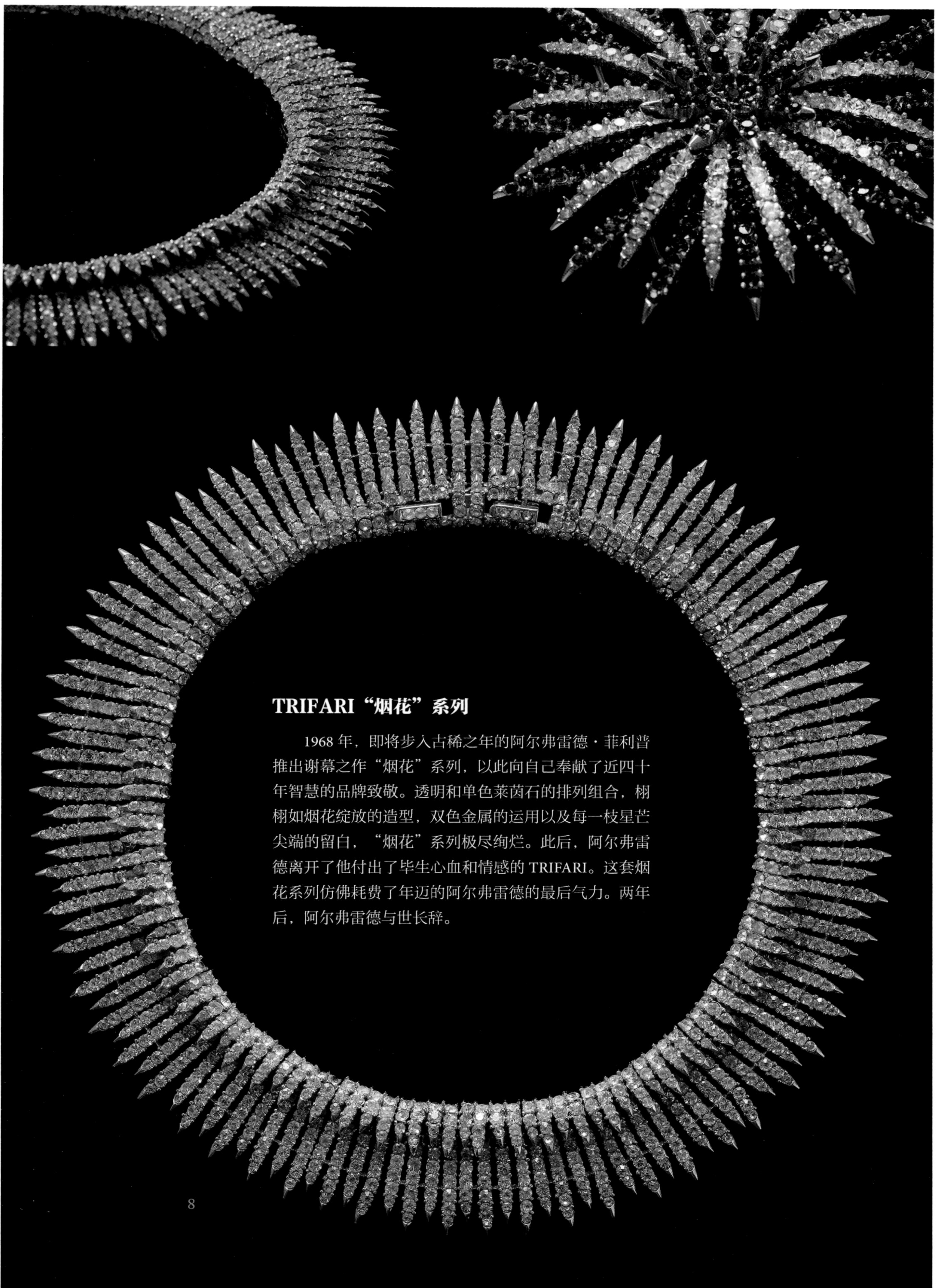

TRIFARI“烟花”系列

1968 年，即将步入古稀之年的阿尔弗雷德·菲利普推出谢幕之作“烟花”系列，以此向自己奉献了近四十年智慧的品牌致敬。透明和单色莱茵石的排列组合，栩栩如烟花绽放的造型，双色金属的运用以及每一枝星芒尖端的留白，“烟花”系列极尽绚烂。此后，阿尔弗雷德离开了他付出了毕生心血和情感的 TRIFARI。这套烟花系列仿佛耗费了年迈的阿尔弗雷德的最后气力。两年后，阿尔弗雷德与世长辞。

8

名称	尺寸
花果系列	1　7.2cm × 6.6cm
品牌	2　3.0cm × 2.6cm
TRIFARI	3　2.7cm × 2.0cm
年代	4　6.1cm × 5.4cm
1969	5　5.5cm × 3.9cm
材质	6　5.5cm × 3.6cm
合金镀金	

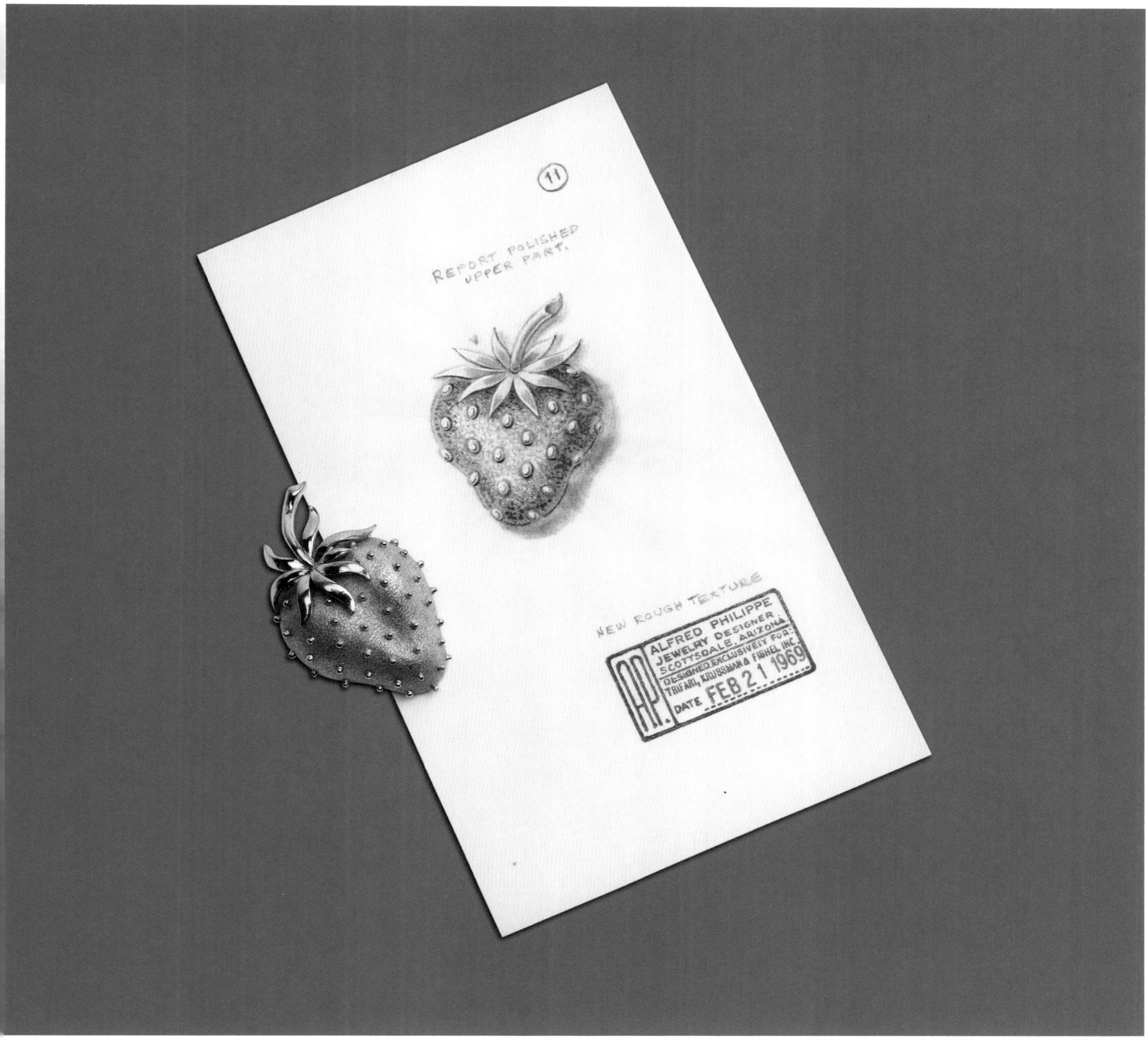

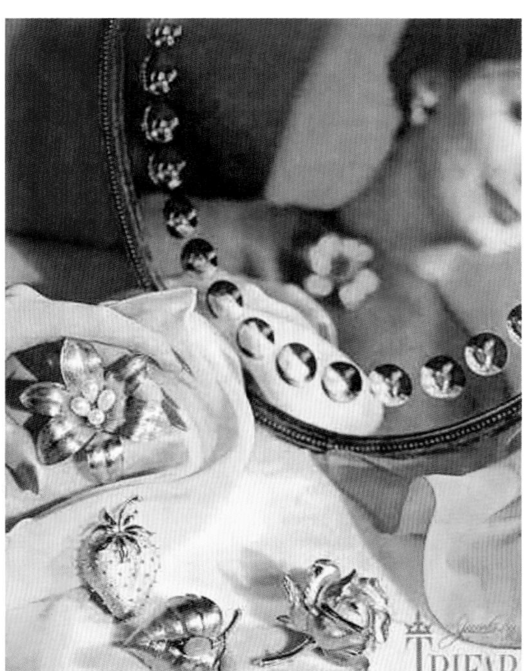

1969 年 TRIFARI 草莓胸针设计图原稿以及胸针

1

2

3

4

5

6

名称	尺寸
阳光雨露海报组	1　4.2cm × 4.0cm
品牌	2　5.1cm × 4.2cm
TRIFARI	3　4.4cm × 4.1cm
年代	4　9.2cm × 4.5cm
1960s	5　8.5cm × 4.5cm
材质	6　9.3cm × 4.8cm
合金镀金	

1

2

3

4

5

6

7

名称	尺寸
珐琅彩花卉系列	1　5.6cm × 4.5cm
品牌	2　7.4cm × 3.5cm
TRIFARI	3　5.6cm × 4.5cm
年代	4　6.2cm × 6.0cm
1969	5　2.5cm × 2.0cm
材质	6　6.0cm × 6.5cm
珐琅 / 合金	7　8.5cm × 6.0cm

dreams
Exquisite designs
to catch the light,
to accentuate
ÉTOILE . . .
breath-taking magnificence
in a startlingly beautiful
jewel series by Trifari!
Nuggets of pure light caught
amidst the rainbowing facets
of fabulous fake gems!
Sheer wizardry for fashion's
elegant simplicity!
. . . obviously by TRIFARI
From 7.50 to 25.00, plus tax.
Earrings to match. Jewelry designs
copyrighted by Trifari.
TRIFARI
SORRENTO . . .
For fashion's new
172
that any or all of these will be received with pride,
surprise, delight, squeals, happiness, bliss,
gladness, satisfaction, you-shouldn't-have-but-
Trifari's Christmas Collection in golden-toned Trifanium with simulated pearls,
$5.00 to $12.50, plus tax. If you take this page to your nearest store, the sales
will greet you with humble gratitude, enormous good will, sublime respect,
(A customer who knows what he wants!) Why, thank you! Merry Christmas
WONDERFUL
with

Jewels by TRIFARI
NOT AUTHENTIC UNLESS STAMPED ON BACK WITH THE NAME TRIFARI DESIGN PATENTS PENDING PHOTO BY NEPO DRESS: JACQUES FATH—JOSEPH HALPERT
ROYAL RANSOM for a lady in the limelight! Jinx Falkenburg McCrary dramatizes her vivid beauty with brilliants and delicate swirls of golden Trifanium. Necklace, about $45. Bracelet, about $25. Earrings, about $12.50. Prices plus tax.
it wouldn't be Christmas without
Jewels by TRIFARI

20 世纪 50 至 60 年代，GROSSÉ 彩釉植物胸针，在饰有纹路的合金花瓣和枝叶表面施以珐琅彩，用釉十分考究，并配以水晶釉面胶，产生流光溢彩之感。

*

名称

彩釉植物系列

品牌

GROSSÉ

年代

1960s

材质

合金镀金 / 珐琅

*

尺寸

1　4.6cm × 1.5cm

2　4.5cm × 2.0cm

3　4.5cm × 4.0cm

4　4.3cm × 4.0cm

5　5.0cm × 4.0cm

6　5.3cm × 5.1cm

7　4.5cm × 4.0cm

8　4.7cm × 4.0cm

9　7.5cm × 5.0cm

HENKEL & GROSSÉ

1907 年，德国人海因里希·亨克尔（Heinrich Henkel）和姐夫弗洛伦廷·歌诗（Florentin Grossé）在德国著名的铸金重镇普福尔茨海姆创立了公司 GROSSÉ。最初，他们只生产纯金珠宝，并以由真发编织的挂表链而闻名。20 年代，为了满足欧洲市场开始生产时装珠宝。30 年代，GROSSÉ 创作了一系列简洁、对称的花卉首饰，并采用创新的合成油漆技术。1937 年，在巴黎世界博览会上，GROSSÉ 获得时装珠宝的最高荣誉奖“Diplôme d'Honneur”。

1945 年，普福尔茨海姆在二战的空袭中被夷为平地，工人们从工厂原址的地窖抢救出一些旧机器和剩余金属，重新恢复生产。作为外交手段，法国与德国签署了一系列合作协议，其中就包括 DIOR 和 HENKEL & GROSSÉ 的合作。自 1955 起，HENKEL & GROSSÉ 成为 DIOR 时装珠宝的全球独家专属生产商，DIOR 珠宝也因此一度成为法式浪漫与德式严谨完美融合的代表。

*

名称

天然石植物系列

品牌

GROSSÉ

年代

1960s

材质

合金镀金 / 天然石

*

尺寸

1 4.5cm × 5.5cm
2 5.6cm × 4.8cm
3 4.0cm × 4.0cm
4 2.6cm × 2.3cm
5 6.0cm × 6.0cm
6 6.3cm × 2.9cm
7 4.8cm × 4.0cm
8 7.2cm × 3.5cm
9 4.2cm × 3.6cm
10 3.5cm × 4.5cm
11 3.3cm × 3.7cm

合金镀金的材质镶嵌玉石、玛瑙等天然石

名称

天然石植物系列

品牌

GROSSÉ

年代

1960s

材质

合金镀金 / 天然石

尺寸

1 4.6cm × 3.0cm

2 5.0cm × 4.7cm

3 8.0cm × 8.0cm

4 5.0cm × 4.5cm

5 5.5cm × 5.0cm

6 4.5cm × 5.0cm

7 5.0cm × 7.0cm

8 5.0cm × 4.5cm

名称	尺寸
金色植物系列	1　5.1cm × 4.4cm
品牌	2　5.9cm × 4.9cm
GROSSÉ	3　4.7cm × 4.3cm
年代	4　7.0cm × 4.7cm
1960s	5　9.0cm × 4.4cm
材质	6　7.0cm × 4.2cm
合金镀金	7　6.7cm × 4.9cm

名称	尺寸	
金色植物系列	1 6.8cm × 4.0cm	8 4.5cm × 2.7cm
品牌	2 6.5cm × 3.1cm	9 4.9cm × 4.3cm
GROSSÉ	3 3.5cm × 3.3cm	10 4.3cm × 4.1cm
年代	4 8.8cm × 3.0cm	
1960s	5 6.0cm × 3.0cm	
材质	6 6.6cm × 4.9cm	
合金镀金	7 5.1cm × 4.0cm	

GROSSÉ

DIOR BY GROSSÉ

GROSSÉ 在为 DIOR 代工的同时也生产自己品牌的珠宝，每一枚胸针都给人一种“直接给真花真草镀层金箔”的错觉。遗憾的是，2006 年，经历了四代百年传承的 GROSSÉ 最终被收归于 DIOR 麾下。这般结局几乎令人怆然涕下。20 世纪 60 年代开始，GROSSÉ 自产和为 DIOR 代工的作品对比，不仅外形设计有着很大的相似性，工艺技术也完全相同。

GROSSÉ

DIOR BY GROSSÉ

*

名称

走秀款巨型花卉胸针

品牌

DIOR

年代

1960s

材质

合金镀金

尺寸

19.0cm×9.0cm

名称	尺寸
植物胸针	1 6.6cm × 4.8cm
品牌	2 6.0cm × 6.0cm
DIOR	3 6.0cm × 6.0cm
年代	4 7.2cm × 5.0cm
1960s	5 10.5cm × 2.3cm
材质	6 5.0cm × 5.6cm
合金镀金	

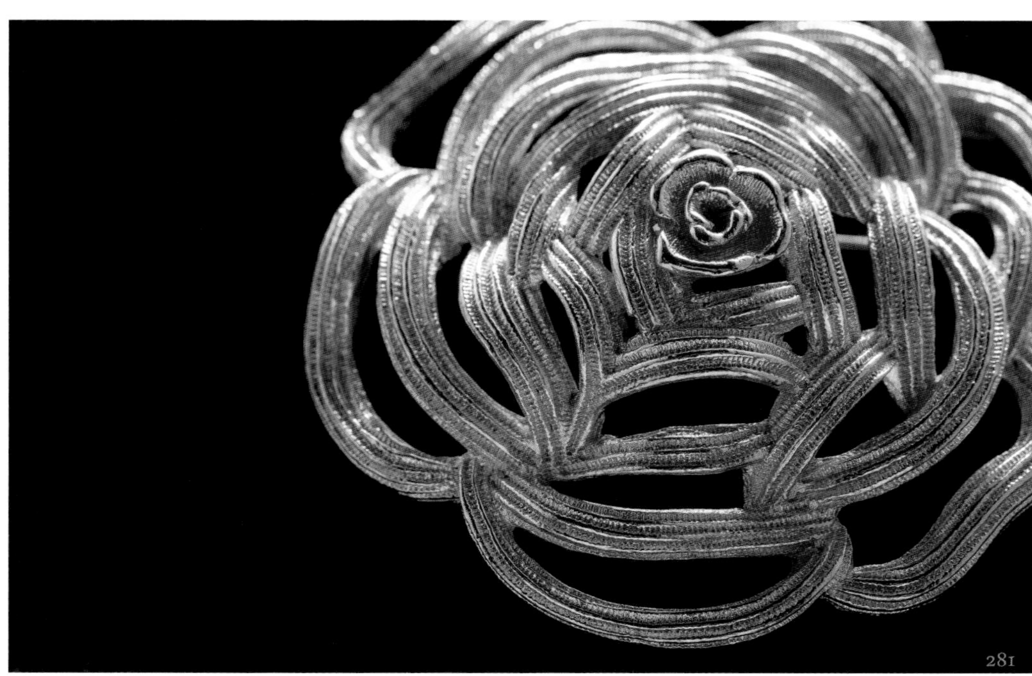

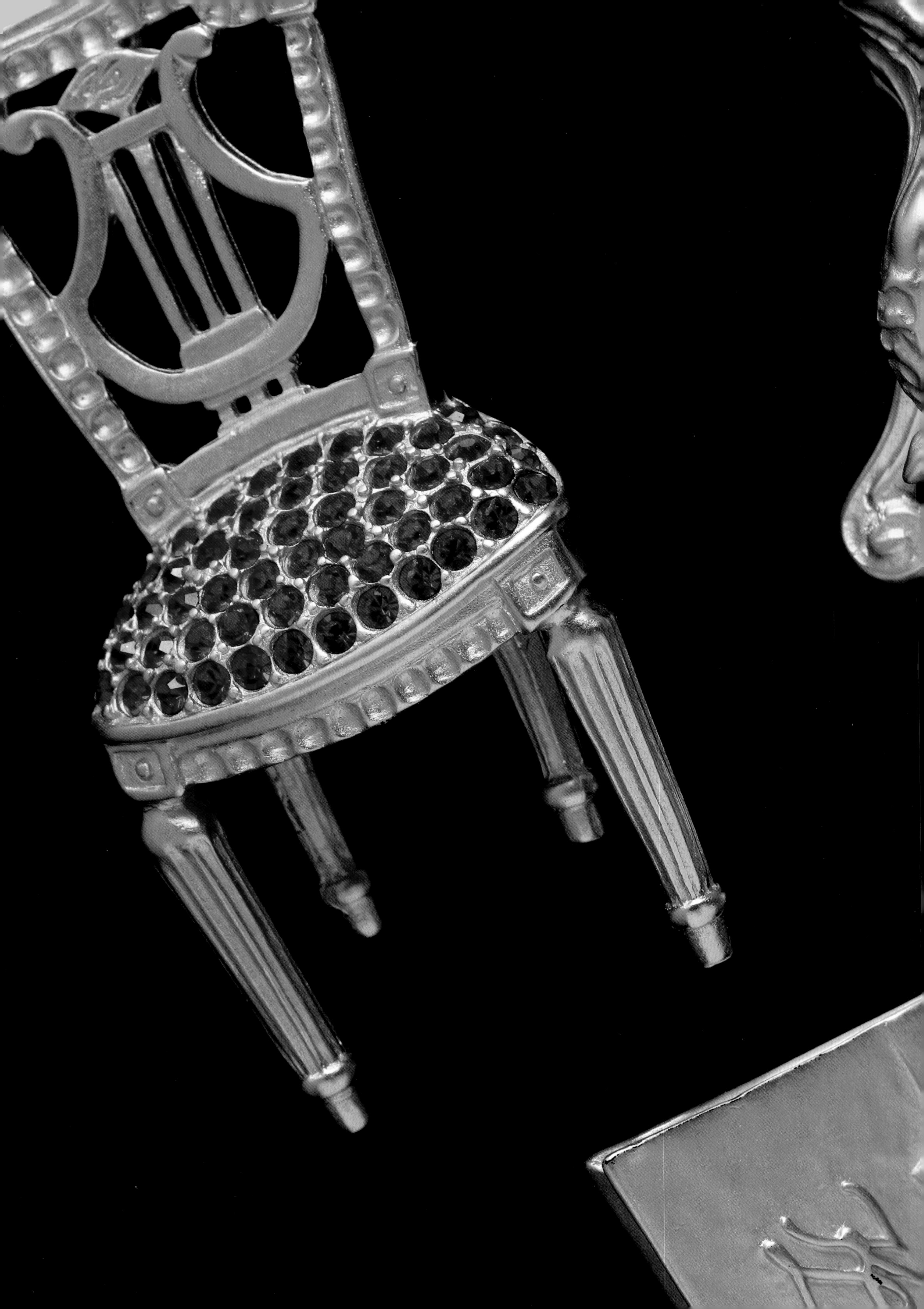

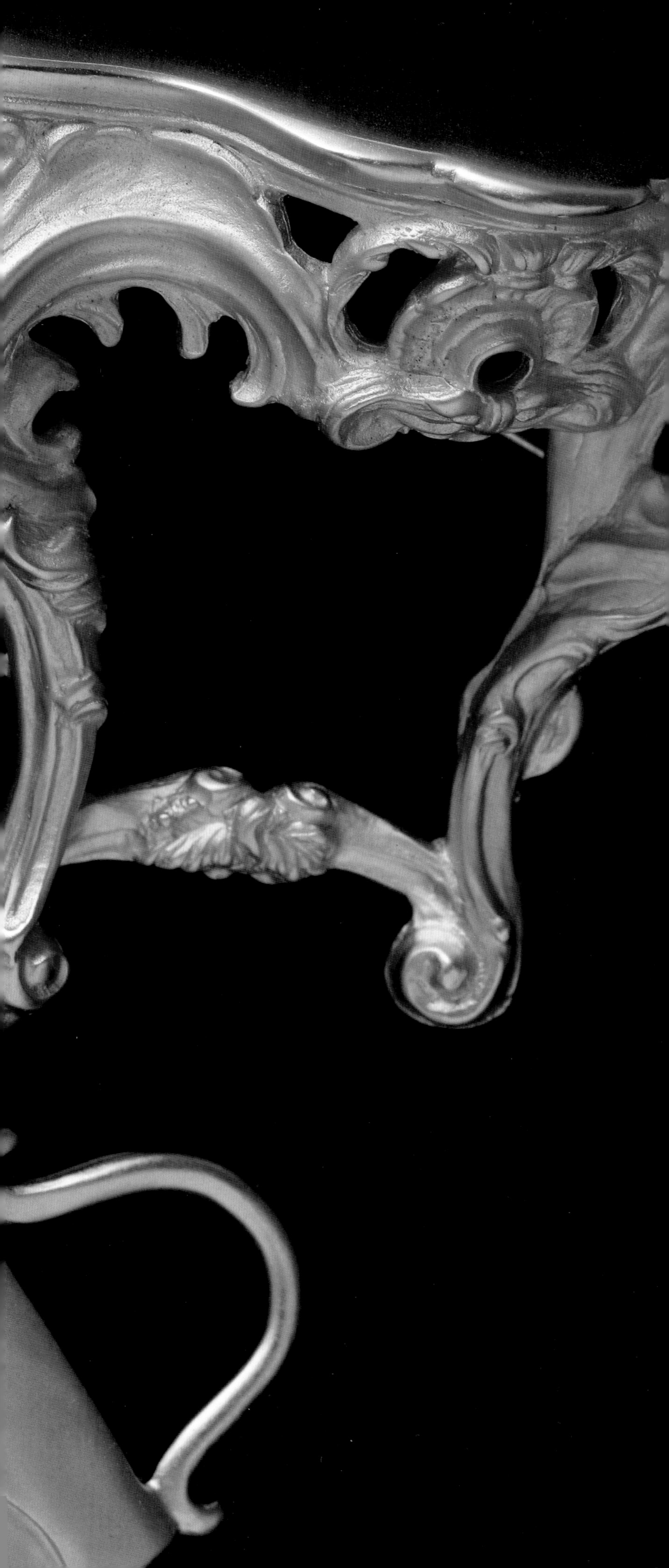

叛逆心潮 1970s—1980s Individual Style

39 岁的美国宇航员阿姆斯特朗登上月球，对于美国乃至全世界而言，这都是巨大的鼓舞。人类所向披靡，都能飞向外太空了，还有什么是不可能的？社会变革的势头似乎迅雷不及掩耳，而这一切也都必将反映到时尚的洪流中。

如果说越南战争是有形的外部战争，给美国带来了翻天覆地的变化，那么动力的大变革、工业社会向信息社会的迈进引发的，才是一场无形的、没有硝烟的战争：与传统决裂，与权威对峙，与垄断抗衡。谁都无法在这场战争中冷眼旁观，时装界和珠宝界即便没有被潮流裹挟着前进，也必须有所回应。

70 年代是时尚界最令人回味的，也是最有趣的年代之一。从放荡不羁的嬉皮士、劲爆的摇滚到金光闪闪的迪斯科和招摇的波希米亚风，这十年浓缩了许多标志性的风格。不论哪个风格，舒适、自在是他们的共性，穿着只为取悦自我，毫无束缚。

70 年代，是一个用音乐和时尚来表现对社会的叛骨精神的朋克时代。好似一匹脱缰野马，刚刚找到了属于自己的草原，自由、时尚的气息随处可见。70 年代诞生了太多前所未有的时尚风格，高贵、典雅、正统、精致玲珑的高级时装，在此时已经举步维艰，取而代之的是更为激情、放肆、叛逆的装束。

在这样一个纷繁复杂的年代，曾经精耕细作的时装珠宝公司变得无所适从，他们绞尽脑汁去贴合时尚，去迎合特立独行的年轻人。他们推出了异域波希米亚风和闪亮的迪斯科风珠宝，但最终被更花哨、更廉价的新兴品牌打了个措手不及。随着马塞尔·布歇、亨利·施赖纳、海蒂·卡内基这一批业界领军人物相继辞世，Vintage 珠宝品牌像多米诺骨牌一样坍塌。那些需要手工匠人精耕细作的时装珠宝，在追求量产、追求性价比、盲目迎合中慢慢地无人问津，走向了没落，取而代之的是流水线大批量工业生产。

80 年代，精工细作、手工雕琢的模式被迫退场。“更大、更突出”成为最具有影响力的造型，夸张、树脂、彩色，构成了欧美 80 年代浮夸珠宝的关键词，五颜六色的塑料大圈耳环和超大手镯几乎包揽了那个时期所有的时尚杂志。而曾经追求精致细微的胸针，也只有一个目标：必须大得霸气，大得醒目。摇滚、重金属、十字架、骷髅头……80 年代的激情一度在珠宝中华丽复活，但终归都成了过眼烟云。

在中国，随着改革开放，人们在与时尚错过了半个多世纪之后，终于与时尚接轨。就像发现了一个新的世界，时髦的年轻人心花怒放，开始尝试喇叭裤、健美裤、露脐装、爆炸头，还有“流里流气”的霹雳舞。

1970s-1980s

Coca-Cola
SOLD EVERYWHER
5¢

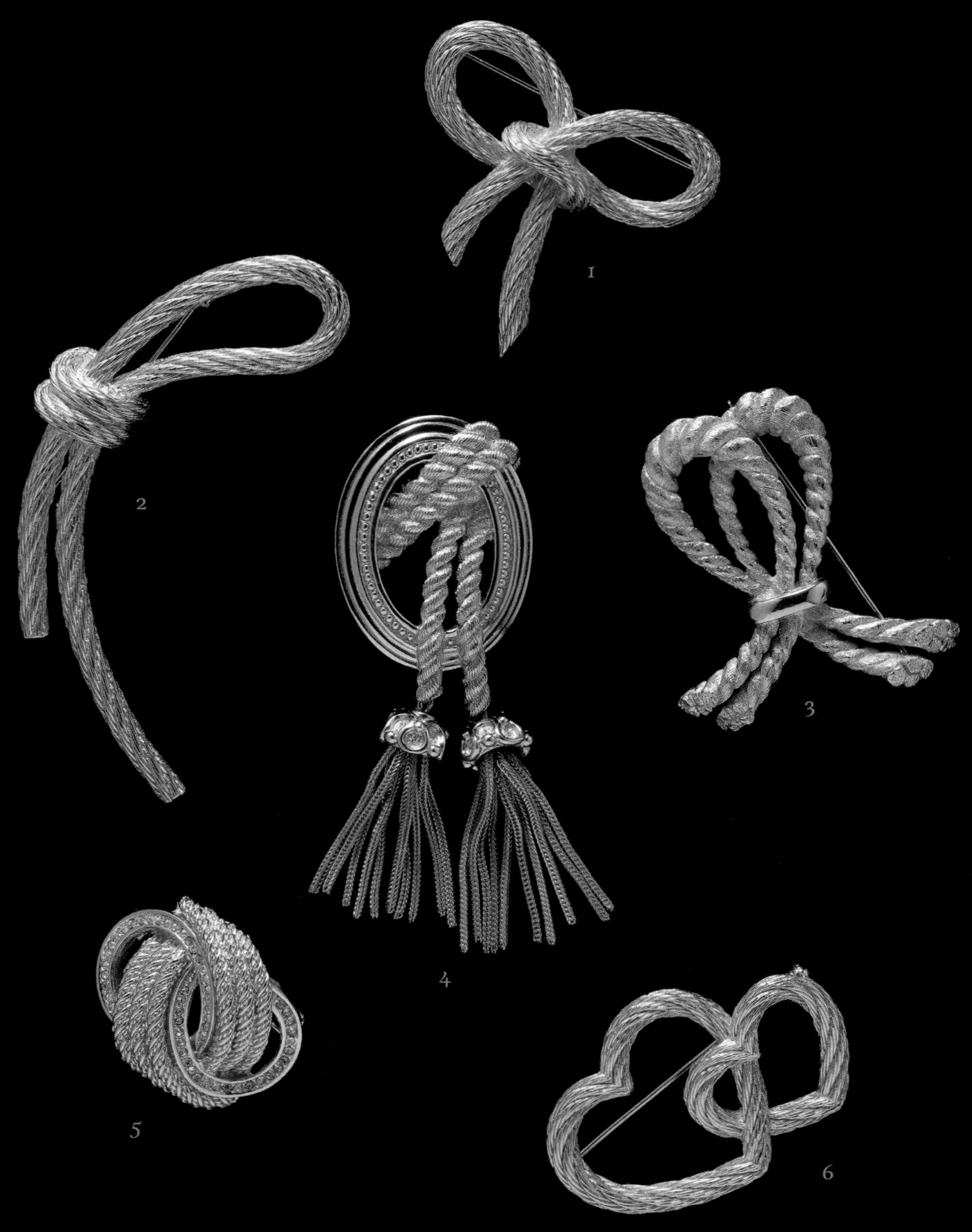

* 名称	* 尺寸
绳结系列	1 5.3cm × 5.6cm
品牌	2 9.5cm × 3.8cm
DIOR	3 5.9cm × 4.8cm
年代	4 9.0cm × 3.4cm
1970s—1980s	5 4.0cm × 3.0cm
材质	6 5.5cm × 3.8cm
合金镀金	

*
名称
蝴蝶结系列
品牌
DIOR
年代
1970s—1980s
材质
合金镀金

*
尺寸

1 6.0cm × 6.0cm
2 4.1cm × 3.9cm
3 5.5cm × 5.5cm
4 10.0cm × 6.6cm
5 4.8cm × 3.8cm
6 6.8cm × 2.8cm
7 10.0cm × 3.0cm
8 7.5cm × 7.8cm

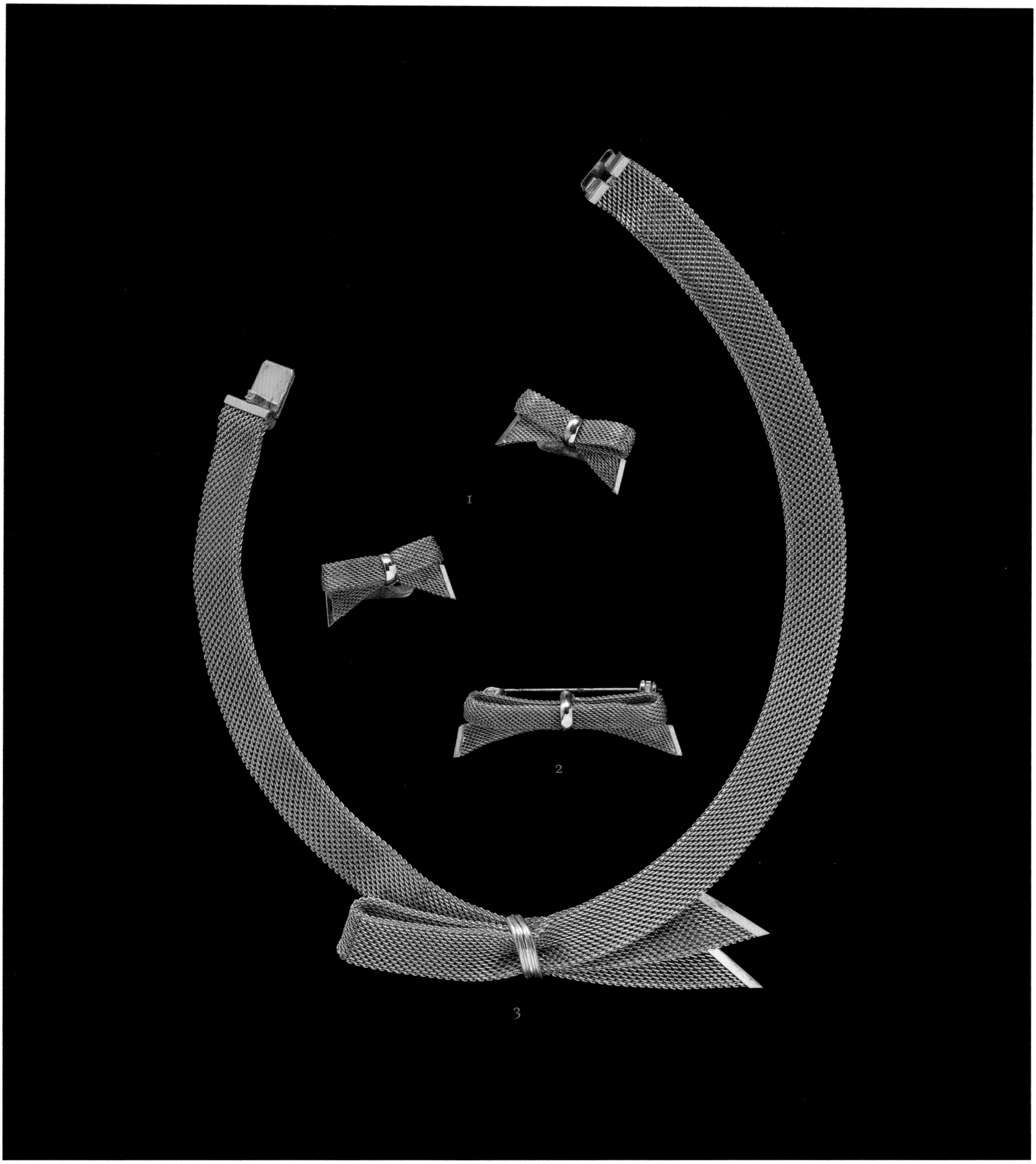

1

2

3

*

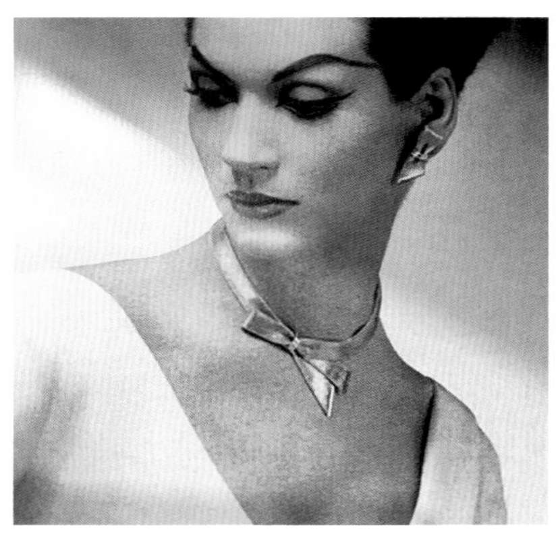

名称

蝴蝶结系列套组

品牌

DIOR

年代

1970s

材质

合金镀金

*

尺寸

1 1.5cm × 3.0cm

2 1.8cm × 4.6cm

3 30.0cm × 1.0cm

KARL LAGERFELD

看不见眼睛的墨镜、银色马尾、笔挺的西装，这位在时尚圈叱诧风云多年的时装设计师卡尔·拉格斐（Karl Lagerfeld，1933—2019）被誉为“时装界的凯撒大帝”，更是被中国人亲切地称为“老佛爷”。

30 年代出生于德国汉堡的卡尔·拉格斐，见证了时尚的变迁与更迭，直到 85 岁高龄去世，他像是一台时尚的永动机。

这是一位有态度的设计师，也正因如此，老佛爷本人就是一个响亮的招牌。他从小就极具设计天赋。21 岁凭借一次比赛踏入时尚界。31 岁正式加入 CHLOÉ 成为该品牌的设计师，凭借天马行空的设计在时尚圈崭露头角。1965 年开始效力于 FENDI，推出了让他声名大噪的“双 F”标志，并于 2007 年在中国长城举办了一场史诗级别的时装秀。

而老佛爷在时尚圈的传奇经历当然与 CHANEL 密不可分。有人说，是 CHANEL 成就了老佛爷，但更确切地说，是老佛爷重振了 CHANEL。1983 年，老佛爷加入陷入“睡美人”状态的 CHANEL 担任创意总监，举世闻名的“双 C”标志正是出自老佛爷之手。这一标志性设计被先后运用于手袋和珠宝中，备受欢迎。随后，他又推出了华丽而浮夸的金币珠宝，在传统珍珠配饰的基础上，加入了大量皮革、金属材质的应用，增加了一份叛逆与硬朗。

1984 年，老佛爷创立了自己的同名品牌 KARL LAGERFELD，将巴黎风格、休闲、摇滚融为一体。

跨越半个世纪的鬼才设计师，不论是珠宝还是服装，都有着他独特的鲜明风格。就像老佛爷一生都在追随的信条，“我只是想要拒绝平庸而已”。

名称	尺寸
老佛爷胸针作品	1　6.8cm × 6.5cm
品牌	2　8.0cm × 3.5cm
KARL LAGERFELD	3　4.0cm × 3.0cm
年代	4　11.5cm × 3.2cm
1980s	5　13.0cm × 3.0cm
材质	
合金镀金	

K.J.L. (KENNETH JAY LANE)

肯尼思·杰·莱恩（Kenneth Jay Lane，1932—2017），被各大时尚媒体评为“最会穿衣的男人”“最热门的礼服珠宝设计师”，同样也是时尚圈里可与香奈儿比肩的时尚偶像。

肯尼思出生于底特律，父母是汽车零件供应商。他先后在密歇根大学攻读建筑学和罗德岛设计学院攻读设计，曾经就职于 *Vogue* 杂志艺术部。出于对时尚的浓厚兴趣，他开始为 DIOR 设计鞋履，并出其不意地将原用于珠宝生产的莱茵石用于装饰鞋面。60 年代初，他担任 DIOR 鞋履部门设计总监，随后获得了去巴黎深造的机会。30 出头的他已经长期入住巴黎瑞吉酒店的顶层套房。

1961 年，他创立了自己的同名品牌，正式开始设计仿真珠宝。肯尼思第一次获得公众关注得益于温莎公爵夫人——卡地亚和 VCA 两大顶级珠宝商的首席 VIP 的喜爱。为了她，爱德华八世甘愿放弃国王的宝座。据说，温莎公爵夫人下葬时，都戴着肯尼思专为她设计的珠宝。K.J.L. 的大猫胸针便是复刻了卡地亚为温莎公爵夫人设计的经典猎豹胸针。越来越多的名人上门为他们的高级珠宝定制复制品，其中包括英国的玛格丽特公主和戴安娜王妃。肯尼迪夫人杰奎琳也曾带着第二任丈夫——希腊船王亚里士多德·奥纳西斯（Aristotle Onassis）赠送的珠宝，要肯尼思复刻。

肯尼思最擅长的就是将自己的创意融合进他者的设计中。他热爱旅行，并从亚洲、埃及等东方文化中提取最具代表性的符号元素。他钟情于使用相对廉价的玻璃、水晶、莱茵石等材料来制作首饰，而塑料、羽毛、贝壳等新兴元素也被巧妙地用于设计中。这些富有戏剧性的设计彻底改变了人们对人造珠宝的印象，也让他成为“假珠宝之王”（king of the fakes）。

2017 年，85 岁高龄的肯尼思在曼哈顿的家中去世。直到临终前，他也一直忙于研究 K.J.L. 的线上销售。

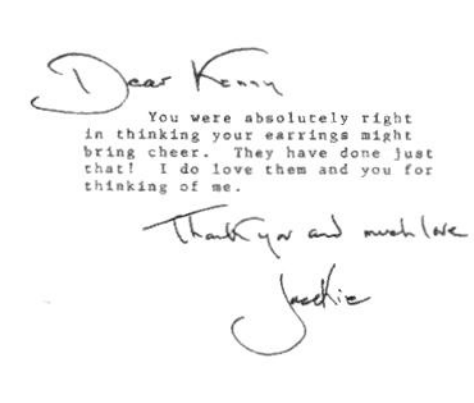
Dear Kenny

You were absolutely right in thinking your earrings might bring cheer. They have done just that! I do love them and you for thinking of me.

Thank you and much love

Jackie

April, 1975

Dear Kenneth,

Thank you for the pearls -- you've made this oyster very happy.

Keep on schlepping,

Bette Midler

P.S. You slay me! Hope to see you soon.

A few ♫'s from

Carol Channing

August 26, 1995

Kenneth, you dear,

We all know that "DIAMONDS ARE A GIRL'S BEST FRIEND," but you are my best friend!

This is by way of confirming our current order of 100 diamond rings. As you know, wherever I am playing, I bestow upon the mayor and local celebrities my "DIAMOND AWARD" which is, of course, a "Kenneth Jay Lane diamond."

We are looking forward to having you as our guest at the "Hello, Dolly!" opening in New York (see enclosed schedule).

All I can say is "thank you," but it does mean so much more.

Grateful XXX's,
Carol

名称	尺寸	
明星胸针	1 6.8cm × 4.5cm	8 4.5cm × 3.7cm
品牌	2 5.4cm × 3.5cm	9 3.5cm × 4.6cm
K.J.L.	3 4.6cm × 5.3cm	10 3.4cm × 4.2cm
年代	4 9.5cm × 8.2cm	
1970s—1980s	5 5.3cm × 5.5cm	
材质	6 4.0cm × 3.0cm	
合金 / 莱茵石	7 4.2cm × 3.4cm	

K.J.L. 火烈鸟胸针的设计灵感来自著名的卡地亚火烈鸟胸针，当年由温莎公爵委托卡地亚制作并送给夫人，原版由钻石、祖母绿、红宝石和蓝宝石以密镶工艺制成。

Dear Kenny

You were absolutely right in thinking your earrings might bring cheer. They have done just that! I do love them and you for thinking of me.

Thank you and much love

Jackie

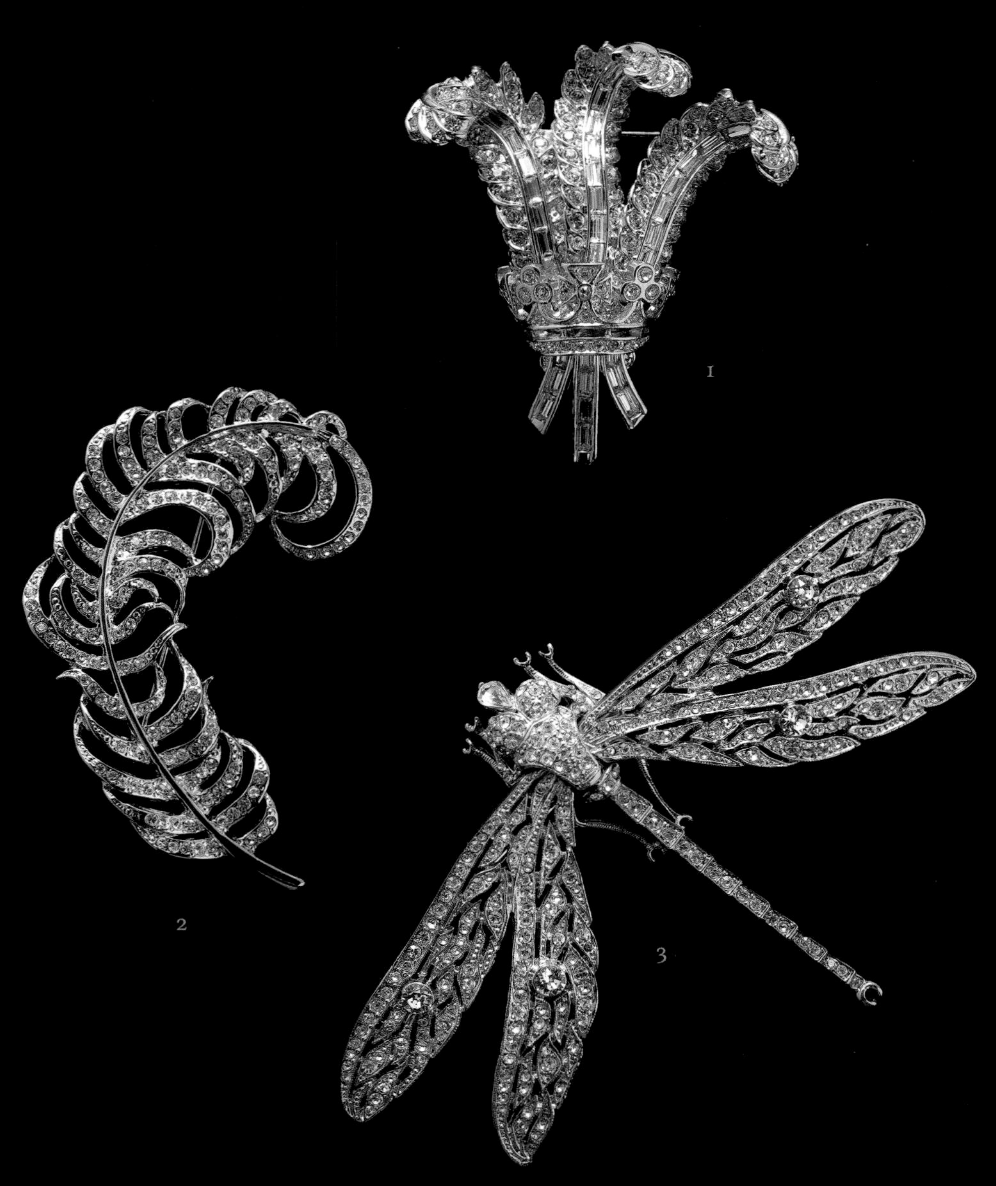

1

2

3

名称

白钻胸针

品牌

K.J.L.

年代

1970s—1980s

材质

合金

尺寸

1 6.5cm×5.8cm

2 7.0cm×5.0cm

3 12.2cm×7.5cm

The Prince of Wales Plume Pin

IN 1955, Elizabeth so admired a brooch owned by Wallis Simpson, with Prince of Wales insignia, that the Duchess of Windsor gave her permission to have a copy made. But Elizabeth decided she couldn't replicate the piece and when it came up for auction in 1987 she bought it for £384,000, even outbidding members of the Royal Family. 'It's the first time I've ever had to buy myself jewellery,' she said.

Expected to fetch up to £375,000

温莎公爵为夫人定制了一枚象征威尔士亲王的羽毛胸针，这枚胸针在公爵夫人去世后进行拍卖。好莱坞明星伊丽莎白·泰勒以近 40 万美元的高价拍得。后来，泰勒将此枚胸针授权 K.J.L. 进行复刻。

Love That!

BUDGET FRIENDLY JEWELS + ADAM'S HOLIDAY GIFT GUIDE

FAB FIND

The Brooch Is Back!

Madeleine Albright, you were way ahead of the curve. The old-school accessory has **cast off its stodgy reputation**: Now it's a fresh, versatile way to add instant personality to your wardrobe. Fasten a cluster to a denim jacket, a pair on your basic flats, or a single one on a favorite scarf. Any way you wear it, you'll be looking sharp.

A-1
AUTO BODY
We're changing.
DON'S
MUFFLER
ALL IMPORTS REPAIRED
WESCO SALES
THIS IS A-1
AUTO BODY SHOP

JBK

1986 年，主营手表、银器和时装珠宝的美国本土品牌 CAMROSE & KROSS 推出 JBK 品牌（第一夫人杰奎琳·肯尼迪名字的首字母缩写）。他们的目标就是忠实地复刻第一夫人佩戴过的一些最著名的高级珠宝。

杰奎琳·肯尼迪（Jacqueline Lee Bouvier Kennedy Onassis，1929—1994），美国第 35 任总统夫人，公认的珠宝达人、时尚达人，全美国甚至欧洲女性一度模仿的对象。

杰奎琳深知自己在时尚圈的地位，并将其很好地变现，甚至明码标价。她亲自从自己的珠宝收藏中挑出自己最喜欢的款式，授权 CAMROSE & KROSS 进行复刻生产。每一件被复刻的首饰都有杰奎琳的名字的缩写 JBK，以及收藏证书。平民化的价格和礼品化的包装，正好符合了那个年代人们对于时装珠宝的需求。

如今，当时制作这些复刻首饰的模具已经全部销毁，品牌也已经停产。但透过每一件 JBK 首饰，我们仿佛看见一段甜蜜往事，一帧旧日光阴！“巧笑倩兮，美目盼兮。”杰奎琳独特身份的加持，让 JBK 珠宝的价值超越了实物本身。

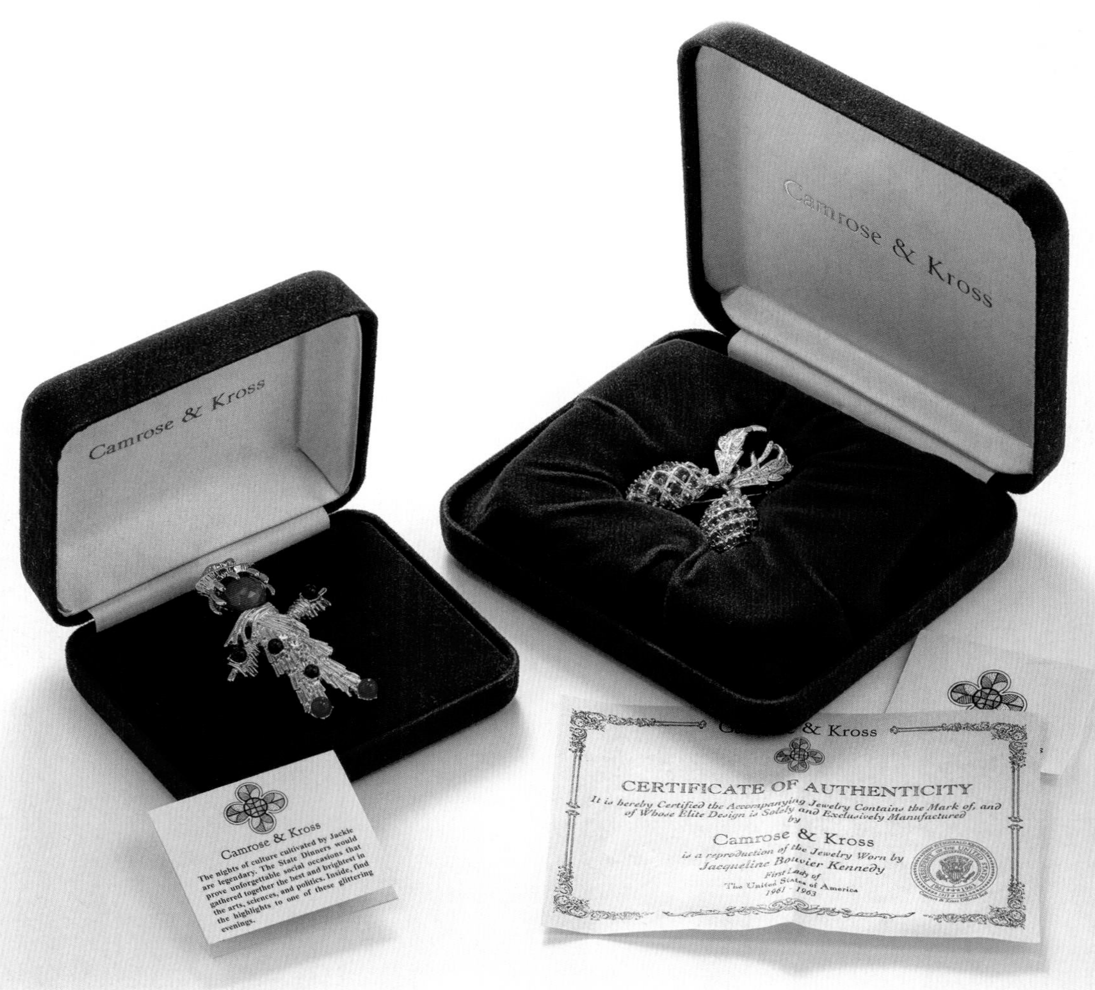

1

2

3

4

*

名称

名人系列

品牌

JBK

年代

1970s—1980s

材质

合金镀金 / 莱茵石

*

尺寸

1 6.0cm × 4.0cm

2 7.0cm × 7.0cm

3 5.0cm × 4.0cm

4 5.0cm × 5.2cm

这枚双橡果胸针的原版是 1960 年美国总统肯尼迪为庆祝他和杰奎琳的第二个孩子小约翰·肯尼迪出生，而送给她的礼物，由 TIFFANY 出品。双橡果胸针由红宝石和钻石组成，大的象征他们的女儿，小的象征儿子，寓意丰饶富足。后来，杰奎琳授权 JBK 对这枚胸针进行了复刻生产。

AVON

1886 年，来自纽约的大卫 · 麦肯尼（David H. McConnell，生卒年份不详）经营了一家主营莎士比亚选集的书刊店。在上门推销书的过程中，大卫会附赠小圆点香水。当他发现香水比书更受欢迎，干脆改名加州香氛公司，专卖香水。

1939 年，大卫选择莎翁故乡的小河 AVON 作为公司新名称。AVON 公司雇佣的那些挨家挨户上门推销的家庭主妇也有了新的称呼："AVON 小姐"。1963 年，AVON 推出少量的时尚珠宝用作"免费礼品"，这一"无心插柳"之举也为 AVON 开启了珠宝帝国之门。

1971 年，珠宝成为 AVON 的正式产品线，并于同年推出了第一个匿名设计师首饰系列"宛如真宝"。K.J.L. 在 1986 年至 2005 年期间为 AVON 公司设计了一系列标为"K.J.L. for AVON"的珠宝。1993 到 1996 年间，好莱坞女星伊丽莎白 · 泰勒和 AVON 推出了近 30 个首饰系列。

1990 年，AVON 进入中国市场，也把直销这种充满争议的销售方式带入中国。90 年代之后，AVON 在全球范围内忙着扩张主业，首饰业务却停滞不前。2008 年，AVON 在中国遭遇贿赂门，受到重创，加上电子商务的崛起，"AVON 小姐"这种为人诟病的直销模式很快没有了市场。2019 年，在全球市场节节败退的 AVON 被巴西美妆巨头收购，留下一片对这个昔日日化商业帝国没落之殇的唏嘘。

名称
胸针
品牌
AVON
年代
1970s—1980s
材质
合金

尺寸
1 8.0cm × 6.0cm
2 6.7cm × 3.3cm
3 7.6cm × 5.5cm
4 5.6cm × 4.5cm

1

2　　2

设计灵感来源于温莎公爵夫人的蓝玉髓宝石花，由法国设计师苏珊娜·贝佩隆（Suzanne Belperron）于1935年设计。

*

名称

名人胸针

品牌

AVON

年代

1980s

材质

合金 / 莱茵石

*

尺寸

1　6.0cm × 6.0cm

2　4.3cm × 2.1cm

伊丽莎白·泰勒和AVON合作，于1993年推出的这套“The Elephant Walk Collection”，是以她在主演电影《象宫鸳劫》中的装扮为原型设计而成，由她亲自佩戴此款胸针拍摄广告。22K镀金，大象通体镶嵌施华洛世奇水晶和深蓝色琉璃珠子。

名称

名人胸针

品牌

AVON

年代

1980s

材质

合金 / 莱茵石

尺寸

1 4.0cm × 3.2cm

2 7.3cm × 3.0cm

3 8.5cm × 6.8cm

4 7.8cm × 3.0cm

I

2

3

4

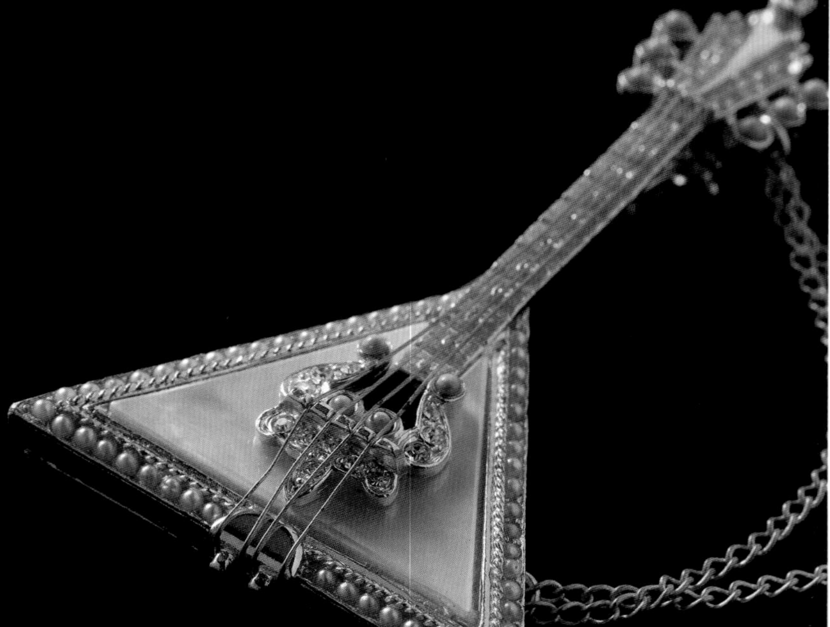

*

名称

乐器胸针

品牌

ROBERT MANDEL

年代

1980s

材质

合金 / 仿贝母

*

尺寸

1	意大利曼陀林吉他	8.0cm × 3.0cm
2	西班牙吉他	7.8cm × 3.0cm
3	俄罗斯三角琴	7.1cm × 4.3cm
4	西非班卓琴	7.8cm × 3.5cm

奥尔布赖特的胸针外交

2022 年 3 月，奥尔布赖特（Madeleine Albright）——曾经叱咤美国政坛乃至世界政坛的“铁娘子”去世，享年 84 岁。她在 1997 年 1 月至 2001 年 1 月担任美国第 64 任国务卿，也是美国历史上第一位女性国务卿。在她的生平介绍里，有一个醒目的身份：胸针收藏家。在整个职业生涯中，她以佩戴胸针来传达外交信息而闻名。她畅销全球的著作《读我的胸针》（*Read My Pins*）也成为了人们竞相购买的佳作。

奥尔布赖特曾收藏几百枚胸针，她的胸针里蕴藏着国际风云变幻。当会见伊拉克领导人萨达姆时，她佩戴蛇形胸针，以回应萨达姆的官邸诗人对她的评价：“一条无与伦比的蛇”；会见曼德拉时，她佩戴斑马胸针表达对非洲大陆的敬意；来中国访问时，她佩戴国宝大熊猫；在国会中就中美关系作证时，佩戴用陶瓷碎片制成的中国龙胸针；当阿拉法特会面时，她戴的是蜜蜂胸针……除了古董鹰、和平鸽这些极具政治寓意的胸针，她还会佩戴一些题材明快的胸针，比如热气球、瓢虫、蔬果。奥尔布赖特佩戴的每一枚胸针，都花费了她不少的心思。她曾在《读我的胸针》中写道：“我无意中发现，珠宝成了一种外交武器，在合适的时候戴上具有象征意义的胸针，可以向对话方传递热情或施加压力。”

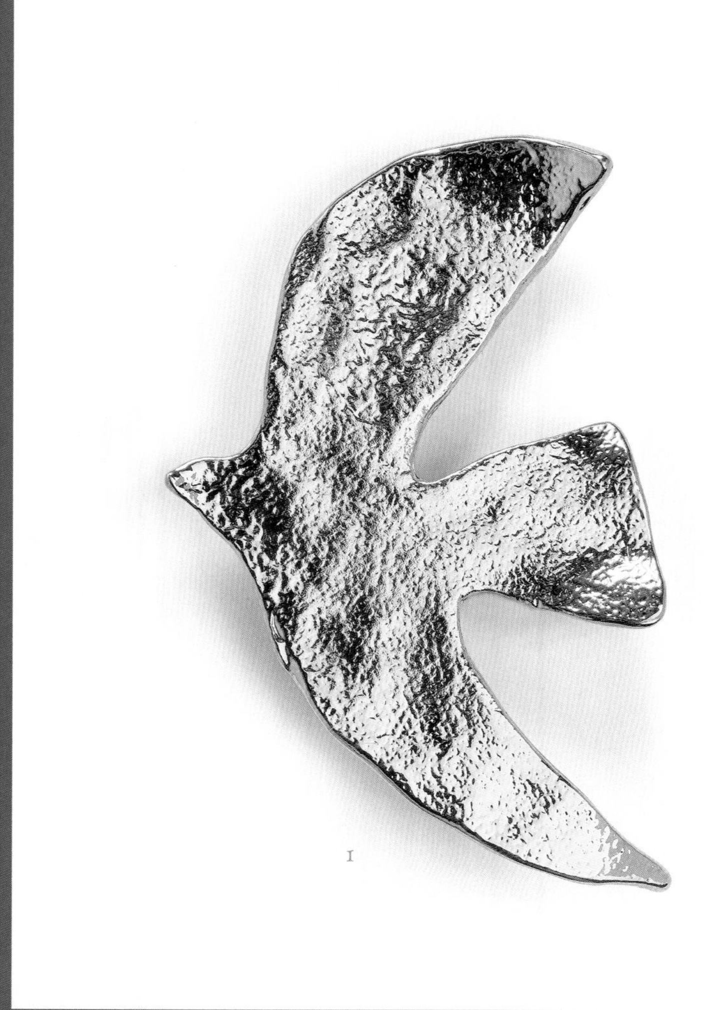

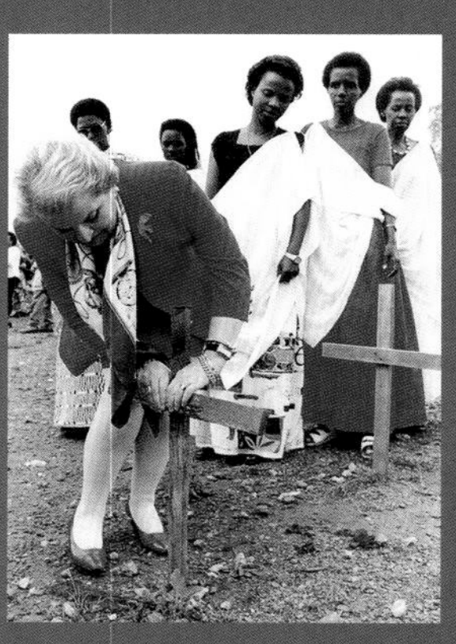

和平鸽胸针，品牌：CECILE ET JEANNE。1997 年，在向卢旺达种族灭绝大屠杀中遇难者致敬时，奥尔布赖特佩戴了这枚和平鸽胸针。此后，在联合国等多个场合，她经常佩戴这枚胸针。

名称

奥尔布赖特胸针组

年代

1970s—1990s

材质

合金 / 琉璃

尺寸

1 和平鸽 7.0cm × 4.4cm

2 斑 马 11.5cm × 5.0cm

3 雄 狮 5.8cm × 8.0cm

4 萨克斯 8.0cm × 2.2cm

斑马胸针，品牌：KUO。1997 年 12 月，奥尔布赖特在南非比勒陀尼亚会见曼德拉，她把这枚斑马胸针佩戴在左肩上。这也是她最喜爱的一枚胸针。

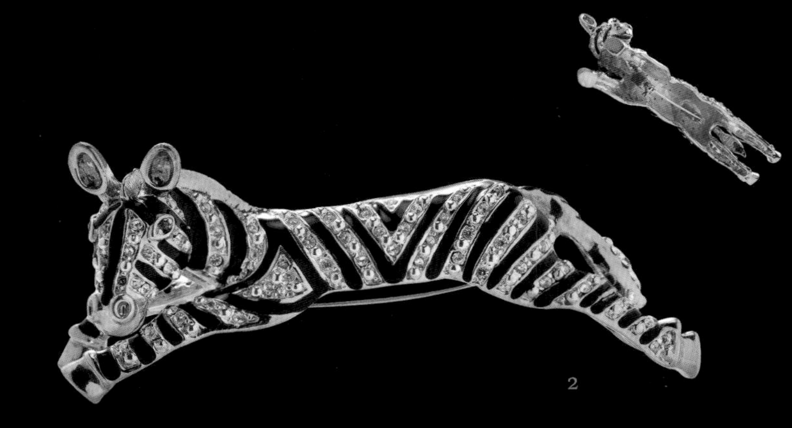

2

雄狮胸针，品牌：K.J.L.。1999 年 9 月，奥尔布赖特见证以色列首相埃胡德·巴拉克与巴勒斯坦主席亚希尔·阿拉法特签署临时停火协议时，佩戴过这枚雄狮胸针。

3

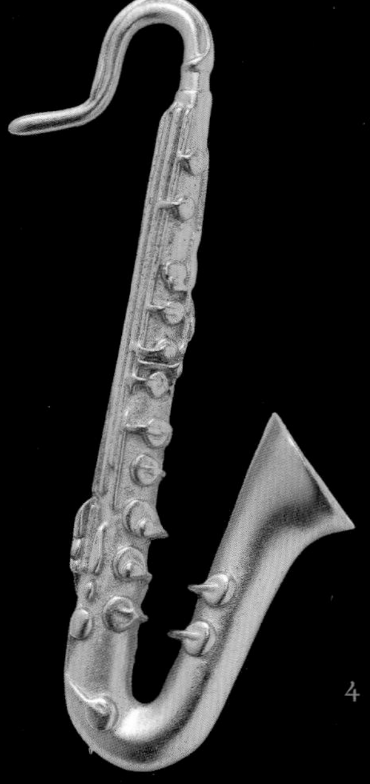

4

萨克斯胸针，品牌：K.J.L.。奥尔布赖特在书中写道："每当我工作时戴这枚胸针，我就会想起我们之中那位唯一会吹奏萨克斯的主要决策人比尔·克林顿。"

风尚心流 1990s
Time Flow

苏联的解体、柏林墙的倒塌、计算机技术的飞速发展、全球化的加速，这一切让 90 年代的时尚圈更加多元化。21 世纪即将到来，对新时代的向往、希望、欢呼和恐惧，也在激发着人们的创造力。时尚变成了一场全民狂欢的派对。

90 年代是一个奇妙的年代。世界各国都倡导文化和思想上的自由，求同存异，百花竞艳。90 年代保存了各个年代的印记，60 年代的嬉皮士文化和 70、80 年代的朋克、摇滚所累积的力量，都在 90 年代迸发，并穿透至电影、艺术、时装……

告别了 80 年代的夸张和华丽，人们选择卸下盔甲，真诚地回归自然和理性，吊带裙、短夹克、松糕鞋、马丁靴、高腰裤、印花衬衫、宽松的牛仔裤、缩小的垫肩、宽大的西装……90 年代的女性自由且随性，在奇妙的碰撞中成就个性，彰显独立与自我。

年轻人会从《老友记》里追逐着前沿时尚，也会从 CK 女郎凯特·摩丝（Kate Moss）的冷艳和不羁中感受到另一种女性魅力。大胆的手镯、夸张的耳环、哥特式十字架、超大号铆钉……90 年代的珠宝在流行文化的启发下，变得更加异想天开、色彩缤纷，胸针的设计更加不拘一格。到了 90 年代中期，“垃圾摇滚”（Grunge Music）的热潮退去，取而代之的是嬉皮士时尚，圈形耳环、枝形吊灯耳环、链带、鸡尾酒戒指、choker 项链以及戴安娜王妃掀起的珍珠项链风潮，这些 90 年代的流行元素至今被人迷恋。90 年代的珠宝，不管是从技术工艺、设计题材还是价格上都更为多样，具有更多可能性。

30 年后的今天，90 年代的反时尚、解构主义和素色极简主义卷土重来，成为当今时尚的风向标。90 年代也成为无数亲历者所怀念，甚至是千禧年之后出生的人所痴迷的“黄金时代”。年轻人惊奇地发现，父母那代曾穿过的小白鞋、阔腿裤、连体衣，又成了如今的潮流单品。

没错，时尚是一场轮回，时尚就是一个圈。

重返 90 年代，是对从容时光的怀念，是在迷失时从心底流淌而出的诗句与渴望：“从前的日色变得慢，车，马，邮件都慢，一生只够爱一个人……”

“重返 90 年代”，是人们对于这个时代的抗争，是对没有被高速运转的商业裹挟、互联网侵蚀和流量驱赶着前行，只是纯粹受创意驱动的时装产业的怀念，是对于异彩纷呈、百花齐放的黄金年代的怀念。那时候的时尚是自我的、发自内心的，生动且赤诚！

1990s

*

名称

百年纪念款天鹅胸针

品牌

SWAROVSKI

年代

1990s

年代

合金 / 水晶

尺寸

4.9cm × 5.0cm

SWAROVSKI

1895 年，丹尼尔·施华洛世奇（Daniel Swarovski，1862—1956）和朋友在阿尔卑斯奥地利一侧偏僻的瓦腾斯小镇创办了施华洛世奇公司。

丹尼尔从小就在父亲的小作坊观看技师们进行水晶切割。21 岁那年，在维也纳参观一个电气博览会后，丹尼尔决心发明一台自动水晶切割机。历经长达 9 年的实验，他成功了。1908 年，丹尼尔开始试制人造水晶。1913 年，SWAROVSKI 开始大规模生产自己的无瑕疵人造水晶石。1935 年，丹尼尔的长子威廉斯制作出了 SWAROVSKI 的第一款望远镜，SWAROVSKI 从此跻身精密光学产品制造业。丹尼尔的孙子曼弗雷德通过与时尚业巨头 DIOR 的合作，发明了一种永远闪烁着微微彩虹光泽的水晶宝石“Aurora Borealis”。正是这不懈的探索开创了 SWAROVSKI 延续超过百年的人造水晶生意。

当大工业生产如巨人一样吞噬并裹挟着珠宝行业，SWAROVSKI 打败了一众曾经百般傲娇的高端珠宝品牌，仿佛携手一个新的时代款款而来。

除了时尚界，SWAROVSKI 把触角延伸到每一个能被水晶装饰的角落。然而，过快的业务扩张导致经营成本的暴涨，最终，当新冠疫情让人们措手不及，SWAROVSKI 在一片萧条中被庞大的线下销售网络拖累。2020 年 9 月，125 岁的 SWAROVSKI 宣布裁员 6000 人、关闭全球 3000 家门店。

“没有人是孤岛，能孑然独立。”这是为整个珠宝配饰行业而鸣的警钟。

1 2 3 4 5 6 7 8

*

名称

金色追忆系列

品牌

SWAROVSKI

年代

1990s

材质

合金 / 水晶

*

尺寸

1 7.0cm × 3.5cm

2 4.0cm × 2.0cm

3 8.8cm × 3.5cm

4 4.2cm × 2.1cm

5 4.4cm × 1.1cm

6 8.5cm × 3.7cm

7 4.5cm × 2.5cm

8 7.5cm × 4.0cm

CINER

1892 年，伊曼纽尔·西纳（Emanuel Ciner，1866—1958）在曼哈顿创立 CINER，售卖古典高端真珠宝。20 世纪 30 年代，美国经济大萧条，CINER 成为了美国第一个也是唯一一个从真珠宝转向生产高品质时装珠宝的公司。CINER 实现了各种技术创新，包括完美使用白色金属，与锡或其它金属混合，铸模方式也是同时代最高品质的。

CINER 早期的首饰都是品牌设计师的原创作品，设计稿中包括波普艺术先驱安迪·沃霍尔的花卉手稿。每一件首饰都是按手工着色的设计师草图，由一个模型制作雕刻，遵循着铂金首饰的传统。

1958 年伊曼纽尔去世，享年 92 岁。1979 年，伊曼纽尔的孙女帕特·西纳·希尔（Pat Ciner Hill）和丈夫大卫·希尔（David Hill）开始接管 CINER。1984 年，他们的女儿简·希尔（Jean Hill）作为第四代 CINER 家族成员加入。1992 年，CINER 迎来百年生日，并推出百年纪念款胸针。2015 年，首次推出官方网站。遗憾的是，2022 年，这一历经两次世界大战、传承四代的品牌宣布关门。

*

名称

武士系列

品牌

CINER

年代

1990s

材质

合金 / 珐琅 / 琉璃 / 莱茵石

*

尺寸

1 7.5cm × 5.8cm

2 6.0cm × 4.5cm

3 9.0cm × 3.0cm

4 7.2cm × 2.0cm

5 1.0cm × 5.1cm

名称	尺寸	
花鸟系列	1　5.0cm × 4.0cm	8　2.5cm × 3.5cm
品牌	2　11.5cm × 5.0cm	9　2.5cm × 3.5cm
CINER	3　8.3cm × 4.7cm	10　2.5cm × 3.5cm
年代	4　4.0cm × 3.5cm	
1990s	5　11.0cm × 6.0cm	
材质	6　4.0cm × 3.5cm	
合金 / 珐琅 琉璃 / 莱茵石	7　6.0cm × 5.0cm	

名称

人物系列

品牌

CINER

年代

1990s

材质

合金 / 珐琅 / 琉璃 / 莱茵石

尺寸

1 6.6cm × 4.0cm

2 4.5cm × 5.0cm

3 5.8cm × 4.0cm

4 4.8cm × 4.0cm

5 4.5cm × 5.0cm

6 5.6cm × 3.5cm

*
名称
马耳他十字系列
品牌
CINER
年代
1990s
材质
合金 / 珐琅 / 琉璃 / 莱茵石

*
尺寸
1 6.0cm × 5.0cm
2 7.0cm × 6.5cm
3 4.5cm × 4.5cm
4 7.0cm × 6.0cm
5 6.8cm × 6.0cm

BEN-AMUN

“珠宝和首饰不是被潮流所创造的，它们自己创造了自己。”这是 BEN-AMUN 创始人伊萨克·曼尼维兹（Issac Manevitz）的信条。BEN-AMUN 的珠宝全部都在伊萨克位于纽约的工厂中纯手工制作。BEN-AMUN 善于使用施华洛世奇水晶、合成树脂、有机玻璃或锡铅合金等独特的材料，再配以简单流畅的线条，打造出或十足的现代感或复古的宫廷风，婉约而别致。

“我的设计就是要让女人成为瞩目的焦点，她可以巧妙地驾驭整个空间。你会因此记住她的成熟、优雅和智慧。”正因如此，伊萨克以“可穿戴的艺术品”为目标去雕琢他的珠宝，采用各种特殊材质，打造出大胆、有趣的饰品，彰显佩戴者的独特个性。

CALVIN KLEIN、TORY BURCH 以及 MICHAEL KORS 等品牌都曾邀请过 BEN-AMUN 为其 T 台走秀设计珠宝。美国前第一夫人杰奎琳·肯尼迪、超模凯特·摩丝、布莱克·莱弗利和蕾哈娜也都曾佩戴过 BEN-AMUN 珠宝。

1977 年，BEN-AMUN 成立了集团公司，1991 年，集团公司停止运营。

1

2

3

4

5

6

*

名称

拜占庭系列

品牌

BEN-AUMN

年代

1990s

材质

合金 / 珐琅 / 树脂 / 莱茵石

*

尺寸

1 6.0cm × 6.0cm

2 8.0cm × 8.0cm

3 7.5cm × 5.0cm

4 9.5cm × 5.0cm

5 7.0cm × 5.0cm

6 6.0cm × 6.0cm

名称	尺寸	
花与昆虫系列	1 2.2cm × 2.8cm	8 3.0cm × 2.5cm
品牌	2 4.2cm × 2.4cm	9 7.0cm × 6.0cm
JOAN RIVERS	3 7.0cm × 7.8cm	10 7.0cm × 8.0cm
年代	4 3.2cm × 2.0cm	
1990s	5 7.8cm × 7.0cm	
材质	6 2.0cm × 2.9cm	
合金 / 莱茵石	7 11.6cm × 6.0cm	

JOAN RIVERS

琼·里弗斯（Joan Rivers，原名 Joan Alexandra Molinsky，1933—2014），出生于纽约一个俄罗斯移民家庭。青少年时期的肥胖导致她始终不自信，终其一生都在孜孜不倦地整形。

在那个喜剧届几乎全部由男性统治的年代，琼杀出了一条血路，拥有了自己的“琼·里弗斯深夜秀”。然而在成名 21 年后，因为跳槽竞争对手而遭遇封杀。不堪压力的丈夫自杀，留下 3700 万美元的债务。琼在绝望之后几乎是触底反弹，把本来无人问津的各大颁奖典礼的红毯秀开发成了一档娱乐节目。

如海明威所言：“生活总是让我们遍体鳞伤，但到后来，那些受伤的地方一定会变成我们最强壮的地方。”1990 年，在美国家庭电视购物平台 QVC 的邀请之下，琼·里弗斯开创了自己的同名珠宝品牌 JOAN RIVERS，该品牌今天依然在 QVC 上运营得风生水起。

琼·里弗斯的一生就像一台永动机。对金钱、对名利无休止的追逐背后，也许是对爱的无尽渴望。如同一只飞鸟，向西逐退残阳，向北唤醒芬芳。在 JOAN RIVERS 那些夸张、明艳的珠宝背后，我们感受到的是一个戏剧化的人生，是一个有趣的灵魂。

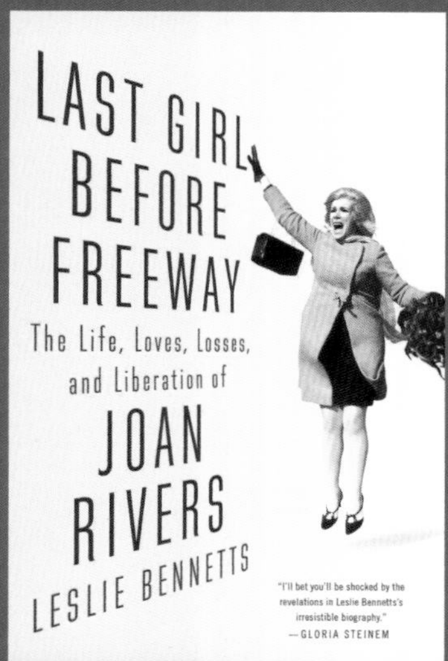

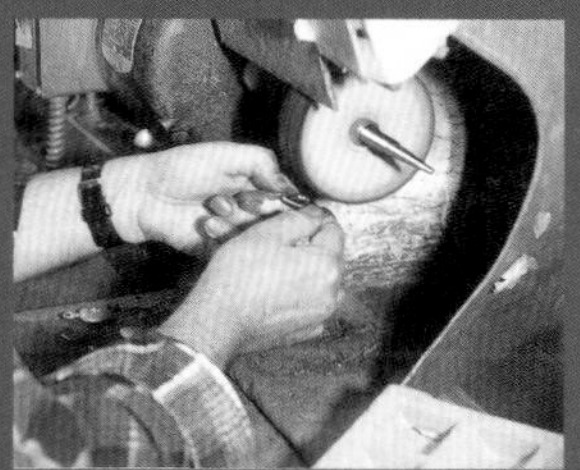

1

2

3

*

名称

银钻花枝胸针

品牌

JOAN RIVERS

年代

1990s

材质

合金

*

尺寸

1 14.0cm × 7.0cm

2 11.0cm × 7.8cm

3 14.0cm × 4.4cm

*

名称

可爱系列

品牌

JOAN RIVERS

年代

1990s

材质

合金

*

尺寸

1 7.6cm × 7.1cm

2 6.4cm × 4.5cm

3 8.5cm × 7.6cm

4 4.5cm × 2.0cm

5 4.5cm × 2.0cm

6 3.5cm × 3.4cm

CILÉA

CILÉA 珠宝网站的首页这样写道："CILÉA 的故事就是一位父亲和女儿之间传承的故事。女孩们就在这些戒指和项链的环绕中长大。"这是公司创始人，史蒂芬·拉威尔（Stéphane Ravel）的两个女儿阿梅丽和安布尔的留言。

1992 年，史蒂芬·拉威尔在巴黎市中心创立 CILÉA 珠宝，公司定位很清晰——为女性打造色彩斑斓的、与众不同的、大胆的时装珠宝。每一件饰品都是在巴黎的工作室设计定稿，随后纯手工制作。从公司创立至今，依然保持着百分百手工制作。

史蒂芬其实是学会计出身的，1992 年，因为一次与艺术家莫尼卡·维迪（Monique Védie）的会面，他对珠宝产生了浓厚的兴趣。史蒂芬向维迪女士学习珠宝制作的诀窍，开始在他和妻子居住的小公寓里制作一些珠宝，并以爱妻的名字 CILÉA 作为公司名，成立了珠宝工作坊。三年后诞生的银莲花成为了工作坊的标志。和谐的造型，各种变体、各种颜色，让 CILÉA 成为了有清晰辨识度的品牌。

在接下来的二十年里，CILÉA 的艺术风格一直围绕着品牌的主线——花卉和动物不断发展、完善。由于亚克力透明度高，具有很强的韧性、透光性和加工可塑性，CILÉA 用亚克力制作了各种天然花朵，百合花、小雏菊、天竺葵，以及琳琅满目的蔬菜瓜果，葱、胡萝卜、无花果、豌豆荚……无奇不有。

2012 年，公司从巴黎迁至法国西北部的布列塔尼，成立了新的工作室。目前，公司由创始人的两个女儿管理。在疫情之前，工作室仅有 7 名珠宝匠，疫情后，只剩下 4 名。如此小而精的团队坚守着匠人的精神与情怀，雕琢着珠宝。

轻盈、绚烂的珐琅树脂呈现出复古、明艳的外表，我们能从每一件设计中感受到一丝不苟的法国工艺，以及背后大胆、率真、时髦而奔放的灵魂。

*

名称

树脂胸针

品牌

LÉA STEIN / CILÉA

年代

1990s

材质

树脂

*

尺寸

1 4.5cm × 5.5cm
2 10.0cm × 6.5cm
3 5.0cm × 5.5cm
4 10.0cm × 6.0cm
5 5.0cm × 5.6cm
6 8.0cm × 6.0cm

*

名称

树脂胸针

品牌

CILÉA

年代

1990s

材质

树脂

*

尺寸

1 8.0cm × 8.0cm

2 9.5cm × 5.5cm

3 5.5cm × 5.5cm

4 9.7cm × 6.5cm

名称	尺寸
树脂胸针	1　7.8cm × 7.0cm
品牌	2　10.5cm × 7.0cm
CILÉA	3　7.1cm × 4.8cm
年代	4　11.0cm × 7.0cm
1990s	5　9.5cm × 5.8cm
材质	6　7.9cm × 6.6cm
树脂	7　5.0cm × 5.4cm

drizzle boots®
clearly the best boot!
Guaranteed by Good Housekeeping
Guerlain news: dusting powder in their four famous fragrances that has amazing affinity for skin. $7.50* at Bonwit Teller.
Complement of fashion...jewelry in the Golden Manner
The gleaming golden lights of jewelry by Monet...complement for every color on spring's palette. Here, Fantasy...its delicacy of design, its precious custom look...the mood and manner of present fashion. Each piece bears the Monet signature. Necklace, $18.50; bracelet, $12.50; earrings, $7.50.
JEWELS BY Pennino
Eisenberg Ice
Fabulous as fashion's richest mood, sparkling as Springtime. Crystal-clear imported stones hand-set with precious care in sterling silver.
EISENBERG JEWELRY INC. Merchandise Mart, Chicago 54, Ill.
*Reg. U.S. Pat. Off.

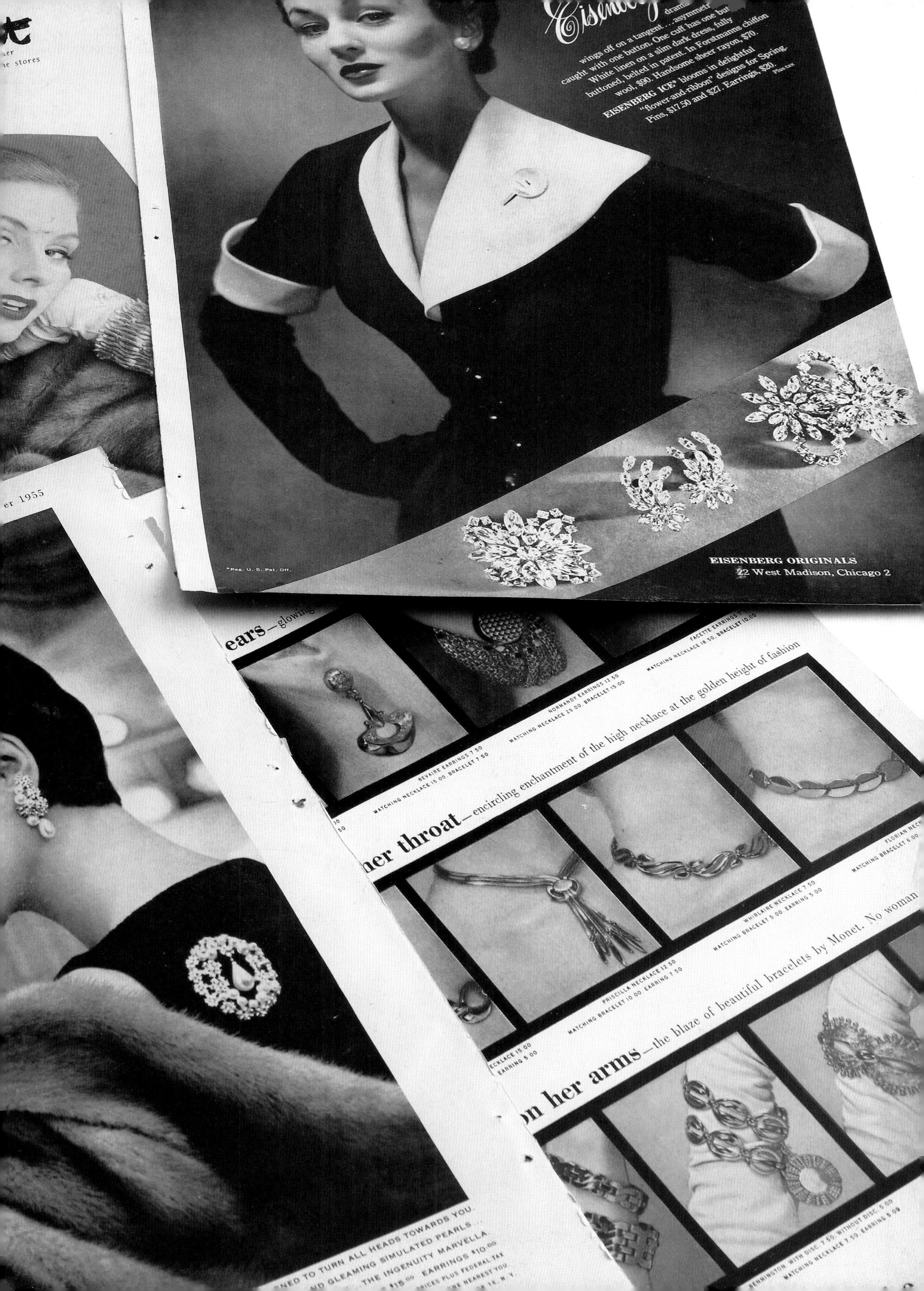

er 1955
Eisenberg
wings off on a tangent . . . asymmetr
caught with one button. One cuff has one but
White linen on a slim dark dress, fully
buttoned, belted in patent. In Forstmanns chiffon
wool, $90. Handsome sheer rayon, $70.
EISENBERG ICE* blooms in delightful
"flower-and-ribbon" designs for Spring.
Pins, $17.50 and $27. Earrings, $20.
Plus tax
*Reg. U. S. Pat. Off.
EISENBERG ORIGINALS
22 West Madison, Chicago 2
ears—glowing
BEVAIRE EARRINGS 7.50
MATCHING NECKLACE 15.00, BRACELET 7.50
NORMANDY EARRINGS 12.50
MATCHING NECKLACE 25.00, BRACELET 15.00
FACETTE EARRINGS
MATCHING NECKLACE 18.50, BRACELET 10.00
her throat—encircling enchantment of the high necklace at the golden height of fashion
PRISCILLA NECKLACE 12.50
MATCHING BRACELET 10.00, EARRING 7.50
WHIRLAIRE NECKLACE 7.50
MATCHING BRACELET 5.00, EARRING 5.00
FLORIAN NECK
MATCHING BRACELET 6.00
on her arms—the blaze of beautiful bracelets by Monet. No woman
BENNINGTON, WITH DISC 7.50, WITHOUT DISC 5.00
MATCHING NECKLACE 7.50, EARRING 5.00
NED TO TURN ALL HEADS TOWARDS YOU.
ND GLEAMING SIMULATED PEARLS . . .
. . . THE INGENUITY MARVELLA
EARRINGS $10.00
PRICES PLUS FEDERAL TAX

图书在版编目(CIP)数据

铭心:20世纪vintage胸针艺术/郑莺燕著.--上海:上海书画出版社,2022.12
ISBN 978-7-5479-2946-9

Ⅰ.①铭… Ⅱ.①郑… Ⅲ.①胸针-工艺美术-介绍-中国 Ⅳ.①TS934.5

中国版本图书馆CIP数据核字(2022)第207908号

铭心:20世纪VINTAGE胸针艺术

郑莺燕 著

学术支持 清华大学艺术博物馆
责任编辑 王聪荟 黄醒佳
审　　读 王　剑
首饰摄影 文立明
装帧设计 郭志义 文立明
技术编辑 顾　杰
美术编辑 陈绿竞

出版发行 上海世纪出版集团
上海书画出版社
地址 上海市闵行区号景路159弄A座4楼 201101
网址 www.shshuhua.com
E-mail shcpph@163.com
制版 上海雅昌艺术印刷有限公司
印刷 上海雅昌艺术印刷有限公司
经销 各地新华书店
开本 890×1240 1/16
印张 21
版次 2023年1月第1版 2023年1月第1次印刷

书号 ISBN 978-7-5479-2946-9
定价 368.00元